全国技工院校制冷设备运用与维修专业（中/高级技能层级）

冷 库 技 术

（第三版）习题册

宋玉明 主编

中国劳动社会保障出版社

简介

本习题册是全国技工院校制冷设备运用与维修专业教材（中/高级技能层级）《冷库技术（第三版）》的配套用书。本习题册紧扣教学和技能鉴定要求，按照教材章节顺序编排，知识点分布均衡，题型丰富多样，难易配置适当，有助于学生复习巩固所学知识。

本习题册由宋玉明担任主编，袁成群、许辉、孙胜辉参加编写。

图书在版编目（CIP）数据

冷库技术（第三版）习题册/宋玉明主编. --北京：中国劳动社会保障出版社，2019
全国技工院校制冷设备运用与维修专业. 中/高级技能层级
ISBN 978-7-5167-4043-9

Ⅰ. ①冷…　Ⅱ. ①宋…　Ⅲ. ①冷藏库-制冷技术-中等专业学校-习题集　Ⅳ. ①TB657.1-44

中国版本图书馆 CIP 数据核字（2019）第 120319 号

中国劳动社会保障出版社出版发行
（北京市惠新东街 1 号　邮政编码：100029）
*
北京昌联印刷有限公司印刷装订　　新华书店经销
787 毫米×1092 毫米　16 开本　5 印张　117 千字
2019 年 6 月第 1 版　　2025 年 5 月第 3 次印刷
定价：10.00 元

营销中心电话：400-606-6496
出版社网址：http://www.class.com.cn
http://jg.class.com.cn

目　录

第一章　冷库基础知识

§1—1　冷库的类型与组成

一、填空题（将正确答案填写在横线上）

1. 冷库可按照__________、__________、__________、__________、__________、__________、__________等不同的形式进行分类。

2. 冷库主要由__________、__________、__________、__________和__________等组成。

3. 天然洞体冷库具有__________、__________、__________、__________、__________等优点。

4. 零售性冷库的特点是：__________，__________，____________________。

5. 冷库按规模大小分为__________、__________、__________。

二、选择题（将正确答案的代号填在括号内）

1. 装配式冷库的主体结构（柱、梁、屋顶）都采用轻钢结构，围护结构的墙体使用预制的（　　）组装而成。

A. 钢筋混凝土　　B. 砖头　　C. 复合隔热板　　D. 泡沫

2. 气调库除了要控制库内的温度、湿度外，同时要考虑气调库内植物的（　　）。

A. 呼吸作用　　B. 吸收作用　　C. 冬眠状态　　D. 隔热作用

3. 食品进行冷加工后经过短期储存即运往销售地区，直接出口或运至（　　）以便较长期储藏。

A. 装配式冷库　　B. 天然洞体冷库　　C. 夹套式冷库　　D. 分配性冷藏库

4. 中型冷库的库容量在（　　）m^3 范围内。

A. 500～1 000　　B. 100～300　　C. 1 000　　D. 500～800

5. 水冷却系统主要由冷却塔、（　　）、冷却水管道组成，冷却效果好，但系统复杂，操作起来麻烦。

A. 冷库　　B. 水塔　　C. 水泵　　D. 管道

三、判断题（正确的打“√”，错误的打“×”）

1. 分配性冷库可在冷藏车、船的配合下起中间转运作用，向外地调拨食品或提供入口。（　　）

2. 零售性冷库在库体结构上大多采用装配式组合冷库。（　　）

3. 制冷系统主要用于提供冷库冷量，以保证库内温度和湿度。（　　）

4. 冷却系统具有系统简单、安装方便的特点，适用于缺水的地区和小型冷库。（　　）

5. 自动控制系统主要实现对冷库温度、制冷系统、冷却系统等的控制，以保证冷库安全正常运行。（　　）

四、简答题

1. 请按冷库的使用库温要求对冷库进行分类。

2. 试说明制冷系统的作用。

3. 零售性冷库一般适用于什么地方？

§1—2　冷库的建筑结构及隔热防潮要求

一、填空题（将正确答案填写在横线上）

1. 由于冷库内外温差很大（建筑内外温差有可能超过 70 ℃），热湿交换量大，要求围护结构要有较好的__________和__________。

2. 由于冷库建筑的围护结构经常受到__________，一般 10 年左右就需要大修，建筑寿命一般在四五十年。

3. 冷库除设置隔汽防潮层外，还要相应地做好防水处理。冷库的防水，主要是在__________和__________两个部位。

4. 冷库常用的隔热材料种类很多，按其组成可分为__________和__________两大类。

5. 冷库用的隔汽防潮材料要求__________，并有足够的黏结性，能牢固地黏合在隔热结构上。

二、选择题（将正确答案的代号填在括号内）

1. 冷库内温度较低，根据不同的使用性质，库内温度一般在（　　）℃，也就是说，围护结构内部有冻胀的可能性，这就使得冷库的建筑构造较复杂。

A. 0～30　　B. －30～0　　C. 0～15　　D. 15～30

2. 冷库的建筑形式直接关系到冷库使用的合理性，也是影响能源节约与否和投资节省与否的重要因素。一般来说，当冷藏量相等时，冷库建筑体积越（　　），则建筑耗冷量就越（　　）。

A. 大　少　　B. 大　多　　C. 小　少　　D. 小　多

3. 隔热材料本身应力求有良好的（　　）。

A. 防噪能力　　B. 隔热能力　　C. 防潮能力　　D. 保温能力

4. 装配式冷库的作用、使用条件和结构要求与（　　）相似。

A. 土建式冷库　　B. 夹套式冷库　　C. 生产性冷库　　D. 分配性冷库

5. 室内装配式冷库的隔热板均为夹层板料，即由内面板、外面板和硬质聚氨酯或聚苯乙烯泡沫塑料等隔热芯材组成，隔热夹层板的面板应有足够的（　　）和耐腐蚀性。

A. 机械强度　　B. 隔热性能　　C. 气密性能　　D. 弹性性能

三、判断题（正确的打“√”，错误的打“×”）

1. 冷库的建筑形式直接关系到冷库使用的合理性。（　　）

2. 由于冷库建筑的围护结构经常受到冻胀和冻融循环的破坏作用，一般 20 年左右就需要大修，建筑寿命一般在四五十年。（　　）

3. 冷库的隔热层应是连续的，可以产生间断和缝隙，以防止出现“冷桥”，使冷气从库内逸出。（　　）

4. 对于气调库，防水是在库顶和地坪两个部位进行密封处理。（　　）

5. 有机隔热材料的特点是不燃烧、不腐烂、机械强度大、经久耐用。有些还兼有耐高温性能，但它们的容重和热导率一般都较大。（　　）

四、简答题

1. 冷库常用的隔汽防潮材料的特点有哪些？

2. 常用的隔汽防潮材料有哪些？

3. 土建式冷库的特点是什么？

4. 简述装配式冷库的组成及性能要求。

§1—3　冷库制冷量与单位冷量耗电量计算

一、填空题（将正确答案填写在横线上）

1. 冷库的容量是指冷库内的__________、__________的容量总和。

2. 为使室温维持或降低到一定温度，制冷设备必须运行的时间称为__________。

3. 计算冷负荷的目的是______________________________。

二、选择题（将正确答案的代号填在括号内）

1. 国家规定房间空气调节器铭牌上标注的制冷量必须是（　　）。

A. 实际制冷量　　B. 名义制冷量

C. 夏季运行制冷量　　D. 四季平均制冷量

2. 房间空气调节器的能效比是指额定制冷量与（　　）之比。

A. 单位制冷量　　B. 制冷系数　　C. 输出功率　　D. 输入

3. 不同状态的湿空气，只要它们的含湿量相同，则其（　　）也相同。

A. 空调工作温度　　B. 露点温度　　C. 室内温度　　D. 冷凝温度

4. 制冷系统制冷量不变，如果单位质量制冷剂的制冷量越大，则系统制冷剂循环量（　　）。

A. 越大　　B. 越小　　C. 不变　　D. 无法确定

5. 热流量与功率的单位是（　　）。

A. 瓦　　B. 千焦　　C. 千卡　　D. 英热单位

三、简答题

1. 计算冷库库房耗冷量的目的是什么？它由哪几项组成？

2. 为什么库房耗冷量、机械负荷、冷却设备负荷三者不相等？

§1—4 国内外冷库的现状和发展趋势

一、填空题（将正确答案填写在横线上）

1. 在设备选型方面，冷冻机主要有__________和__________两种。
2. 冷库隔热采用中间填充聚氨酯或聚苯乙烯隔热层的方法，有__________和__________发泡两种。
3. 冷库制冷装置实现的自动控制包括：__________和蒸发器冷却排管的自动融霜、__________、__________、__________、________________________________等。

二、选择题（将正确答案的代号填在括号内）

冷库选址时应考虑的因素包括（　　）。

A. 区域位置、地形地质

B. 水源和电源、区域环境

C. 交通运输、劳动力情况

D. 区域位置、地形地质、交通运输、劳动力情况

三、简答题

1. 简述冷库的定义。

2. 冷库设计包括哪几方面？

第二章　冷库制冷设备

§2—1　制冷压缩机

一、填空题（将正确答案填写在横线上）

1. 制冷压缩机按工作原理不同可分为两大类，即__________和__________。

2. 制冷压缩机按其封闭程度不同还可分为__________、__________和__________。

3. 冷库常用的制冷压缩机的类型为__________，结构为__________。

4. 螺旋形转子空间曲面的__________，需用专用设备和刀具来加工。

5. 涡旋压缩机属于容积型压缩机，压缩部件主要由__________和__________组成。

二、选择题（将正确答案的代号填在括号内）

1. 容积型制冷压缩机是在制冷剂进入气室后，通过改变气室的（　　）来实现提高制冷剂压力的目的。

A. 体积　　B. 面积　　C. 容积　　D. 温度

2. 速度型制冷压缩机是利用制冷剂通过压缩机时，增大制冷剂（　　）来实现提高制冷剂压力的目的。

A. 流动速度　　B. 流动面积　　C. 传动面积　　D. 压力

3. 压缩过程进行中间补气的节能器运行方式，是解决涡旋压缩机在低温工况下运行时，由于压比过高导致排气（　　）的有效方法。

A. 温度过高　　B. 压力过高　　C. 温度降低　　D. 流量增大

4. 涡旋压缩机在主轴旋转一周时间内，其吸气、压缩、排气三个工作过程是同时进行的，外侧空间与吸气口相通，始终处于（　　）；内侧空间与排气口相通，始终处于排气过程。

A. 排气过程　　B. 吸气过程　　C. 换热过程　　D. 压缩过程

5. 涡旋压缩机涡旋体形线加工精度非常高，其端板平面的平面度、端板平面与涡旋体侧壁面的垂直度需控制在（　　），必须采用专用的精密加工设备以及精确的调心装配技术。

A. 微米级　　B. 毫米级　　C. 厘米级　　D. 米级

三、判断题（正确的打“√”，错误的打“×”）

1. 活塞式制冷压缩机是利用气缸内的运动，来实现制冷压缩机的吸气、压缩、排气等过程。（　　）

2. 冷库中使用的开启式活塞式制冷压缩机是依靠电动机通过传动装置驱动运转的。（　　）

3. 拆卸部件应有计划地按顺序进行，一般由上到下、由里到外拆下各个部件，再将部件分别拆卸成零件。（　　）

4. 拆卸的零件清洗后，应用机油封存或浸泡在冷冻机油内，以防杂质侵入。（　　）

5. 螺杆式制冷压缩机对进液不敏感，可以采用喷油冷却，故在相同的压力比下，排气温度比活塞式制冷压缩机低得多，因此单级压力比高。（　　）

四、简答题

1. 螺杆式制冷压缩机具有哪些特点？

2. 螺杆式制冷压缩机存在哪些缺陷？

3. 简述涡旋压缩机的结构特点。

§2—2 换热设备

一、填空题（将正确答案填写在横线上）

1. 换热设备是________交换装置，可以使冷热介质进行热量的传递。

2. 冷却空气的蒸发器利用制冷剂在蒸发器管道内直接蒸发而冷却管外的空气，根据空气的流动方式不同，将冷却空气的蒸发器分为________和________两种。

3. 冷凝器按冷却介质和冷却方式不同可以分为________、________和________

三种。

4. 空气冷却式冷凝器也称为______________________________。

5. 蒸发式冷凝器是指__________。

二、选择题（将正确答案的代号填在括号内）

1. 蒸发器是制冷系统的吸热部件，它吸收被冷却物的热量使被冷却物降温，从而达到（　　）的目的。

A. 制冷　　B. 传热　　C. 化霜　　D. 制热

2. 氟利昂液体分液器从蛇形管蒸发器的（　　）进入。

A. 上部　　B. 顶部　　C. 中部　　D. 底部

3. 要注意控制满液式蒸发器的进液量，其液体不应过多地超过筒体的（　　）。

A. 顶部　　B. 一半　　C. 底部　　D. 中心线

4. 当被冷却空气温度低于（　　）℃时，空气强制对流式冷却器很容易在管面上结霜，故蒸发器翅片的片距应大些。为了防止结霜阻碍空气流动，还配有自动除霜装置。

A. 10　　B. 0　　C. －10　　D. －20

5. 对回热器的安装位置没有特殊的要求，但回热器应尽可能（　　）蒸发器，以增强热交换效果，因为通常制冷剂蒸气在这里的温度比较低。

A. 贴住　　B. 靠近　　C. 远离　　D. 垂直于

三、判断题（正确的打“√”，错误的打“×”）

1. 满液式蒸发器筒体的两端焊有管板，管板上钻有许多小孔，供装蒸发管用，管与管板的连接用扩管密封（胀管）或焊接。（　　）

2. 当压缩机抽吸时，筒内压力升高，制冷剂液体吸热蒸发成干饱和蒸气或过热蒸气，经过集气室被抽至压缩机。（　　）

3. 冷却排管的特点是制冷剂在管内蒸发，管外空气只进行自然对流。为了增强传热效果和节约管材，冷却排管也可使用翅片管制成。（　　）

4. 立式壳管式冷凝器的两端用两个端盖封住，端盖内部用隔板分开，两个端盖的分隔要互相配合，以便冷却水能在管子内多次往返流动。（　　）

5. 沉浸式冷凝器的铜管盘成螺旋状浸没在水箱里。（　　）

四、简答题

1. 制冷设备中的换热设备主要有哪些？

2. 制冷剂过热蒸气在冷凝器中放热从而变成过冷液体时，一般包括哪几个过程？

3. 常见的水冷式冷凝器有哪三种？

4. 卧式壳管式冷凝器具有哪些优点？

5. 回热器在制冷设备中有何作用？

6. 中间冷却器在制冷设备中有何作用？

§2—3　节流装置

一、填空题（将正确答案填写在横线上）

1. 冷库中常用的节流装置有__________、__________、__________、__________和__________。

2. 热力膨胀阀有__________与__________两种结构。

3. 安装热力膨胀阀时，应立式放置，不允许__________或__________，并应注意液体的流向，将膨胀阀的出口接在蒸发器的进口管上。

4. 浮球调节阀广泛使用于__________中。

5. 手动节流阀是最老式的节流阀，其外形与__________相似。

二、选择题（将正确答案的代号填在括号内）

1. 当冷却设备内的压力降较小时，通常选用（　　）。

A. 浮球调节阀　　B. 外平衡式膨胀阀

C. 电子膨胀阀　　D. 内平衡式膨胀阀

2. 热力膨胀阀的安装应尽可能紧靠冷却设备的进液管入口处，外平衡式热力膨胀阀的外平衡管应从水平回气管上部接入，并接近感温包，一般在感温包后（　　）处。

A. 10 mm　　B. 10 cm　　C. 100 cm　　D. 10 m

3. 电子膨胀阀是一种可按预设程序调节进入（　　）中制冷剂流量的控制元件。

A. 制冷装置　　B. 制热装置　　C. 化霜装置　　D. 换热装置

4. 浮球调节阀除起（　　）的作用外，通过浮球调节阀的调节作用，还可以在这些设备中保持大致恒定的制冷剂液面。

A. 节流降压　　B. 高温降压　　C. 节流高压　　D. 高温高压

5. 蒸发压力调节阀用来调节压缩机的制冷量，使其与蒸发器的（　　）相适应。

A. 热量　　B. 制冷量　　C. 负荷　　D. 温度

三、判断题（正确的打“√”，错误的打“×”）

1. 热力膨胀阀安装在蒸发器的进口，控制蒸发器的压力和制冷剂流量。（　　）

2. 安装热力膨胀阀时，应立式放置，不允许倾斜或倒置，并应注意液体的流向，将膨胀阀的出口接在蒸发器的进口管上。（　　）

3. 电子膨胀阀利用被调节参数产生的电信号，控制施加于膨胀阀上的电压或电量，进而达到调节供液量的目的。（　　）

4. 浮球节流阀（或称浮球调节阀）用于具有自由液面的蒸发器，如卧式壳管式蒸发器、低压循环桶等的供液量的手动调节。（　　）

5. 蒸发压力调节阀也可用于一台压缩机配置蒸发压力不同的两个或两个以上蒸发器的制冷系统。（　　）

四、简答题

1. 能量调节阀具有哪些特点？

2. 简述减速型电动式电子膨胀阀的结构特点。

3. 简述外平衡式热力膨胀阀与内平衡式热力膨胀阀的区别。

4. 在安装热力膨胀阀的阀体和感温包时各有哪些要求？

5. 简述内平衡式热力膨胀阀的结构。

§2—4 辅助设备

一、填空题（将正确答案填写在横线上）

1. 制冷系统中只有________才需要润滑油，因为它能对各摩擦面起润滑、散热作用，还能提高活塞与气缸之间的密封性，这些都是有利的。

2. 常用的油分离器主要有________、________、________和________。

3. 氟利昂制冷系统一般采用________，氨系统中通常采用洗涤式油分离器和填料式油分离器。

4. 气-液分离设备安装在________，实际上是在吸气管上装设一个骤然放大的空间，其中还装有一块挡板。

5. 一台制冷设备刚开始运转时，蒸发器是从常温下开始________，热负荷为________，此时制冷剂的循环量也________。

二、选择题（将正确答案的代号填在括号内）

1. 在压缩机高温部分，润滑油汽化成油蒸气，它与制冷剂蒸气一起被压缩机排出至冷凝器中，遇冷后油蒸气又被凝结成（　　）而混于制冷剂液体中。

A. 气态　　B. 气转液　　C. 液态　　D. 液转气

2. 高温的制冷剂蒸气经制冷剂液体的洗涤冷却而分离（　　）。

A. 压缩机　　B. 储液罐　　C. 气-液分离设备　　D. 润滑油

3. 干燥过滤器除了担负过滤器的功能外，还能吸附制冷系统中的微量水分，这对氟利昂（　　）来说尤为重要。

A. 制冷装置　　B. 回油装置　　C. 换热装置　　D. 化霜装置

4. 安全阀控制的压力选定在高压侧耐压试验值的（　　）时开启。

A. 5/4　　B. 4/5　　C. 3/5　　D. 5/3

5. 一台制冷设备刚开始运转时，蒸发器是从常温下开始吸热，热负荷为最大状态，此时制冷剂的循环量也（　　）。

A. 最小　　B. 较小　　C. 较大　　D. 最大

三、判断题（正确的打“√”，错误的打“×”）

1. 未溶解的润滑油，除在压缩机曲轴箱及润滑系统中进行循环外，尚有少量油滴被压缩机排气气流带至制冷系统中。（　　）

2. 油分离器安装在冷凝器与压缩机之上，可除去压缩机排气中含有的润滑油。（　　）

3. 氟利昂制冷系统一般采用过滤式油分离器，氟系统中通常采用洗涤式油分离器和填料式油分离器。（　　）

4. 在氨液分离器中，氨蒸气的运动方向是变化的，故有利于将蒸气中的液滴分离出来。（　　）

5. 当出液口设在容器上部时，需装一根伸到容器底部的输液管，在工况变化时能保证供液。（　　）

四、简答题

1. 简述油分离器的分油原理。

2. 简述制冷系统中混有不凝性气体的危害。

3. 高压储液器的工作原理是什么？

4. 制冷设备中的油分离器有哪几种？

第三章　冷库制冷系统

§3—1　供液系统与供液方式

一、填空题（将正确答案填写在横线上）

1. 冷库制冷系统是冷藏库的冷源，它向库房提供足够的冷量，使库房能保持预定的低温，并能达到＿＿＿＿＿的目的。

2. 制冷剂液体经过节流降压后直接供至蒸发系统，这种供液系统称为＿＿＿＿＿。

3. 直接膨胀供液系统一般适用于＿＿＿＿＿或＿＿＿＿＿。

4. 重力供液系统适用于＿＿＿＿＿的制冷系统。

5. 在氨泵的进液口处设有＿＿＿＿＿，其作用是将混在液体中的脏污在进入氨泵之前过滤出来，以免损伤氨泵。

二、选择题（将正确答案的代号填在括号内）

1. 由于制冷剂液体经过膨胀阀节流产生的闪发气体随着液体制冷剂一起进入蒸发系统，从而（　　）了冷却设备的制冷效果。

A. 平衡　　B. 升高　　C. 降低　　D. 转化

2. 直接膨胀供液系统配备冷却设备时，还必须增加（　　）%左右的冷却面积。

A. 20　　B. 10　　C. 15　　D. 25

3. 由于氨液分离器的液面比冷却设备的工作液面通常要高出（　　）m 以上，两者的液位差所产生的液柱静压作用影响到蒸发温度。

A. 1　　B. 1.5　　C. 1.3　　D. 1.8

4. 在氨泵启动之前，打开抽气阀，便可将积存在泵内的气体排至（　　），确保氨泵正常启动运转。

A. 低压循环储液器　　B. 换热器　　C. 气-液分离设备　　D. 油分离器

5. 低压循环储液器的正常液位与氨泵进液口中心的位差一般不小于 1.5 m，并要求氨泵的进液管道弯头尽可能（　　），阻力要（　　），液体过滤器不能有堵塞现象，否则易产生供液汽化，导致氨泵运转不正常。

A. 多　小　　B. 多　大　　C. 少　大　　D. 少　小

三、判断题（正确的打“√”，错误的打“×”）

1. 按供液方式的不同，供液系统分为直接膨胀供液系统、重力供液系统和制冷剂液泵供液系统。（　　）

2. 自动控制的小型氟利昂制冷系统采用的热力膨胀阀，不是依据冷却设备末端的回气过热度来自动调节供液量的。 （ ）

3. 当冷却设备内的压力降较小时，通常选用外平衡式热力膨胀阀。 （ ）

4. 低压循环储液器内的液体由氨泵增压后，对蒸发系统实行强制供液，因供液量要求小于冷却设备蒸发量的数倍，所以蒸发系统属两相流蒸发系统。 （ ）

5. 液体分配站至低压循环储液器之间的排液管是用来进行热氨冲霜的。 （ ）

四、简答题

1. 重力供液系统具有哪些特点？

2. 简述氨泵供液系统的主要特点。

§3—2 压缩冷凝系统与冷却水系统

一、填空题（将正确答案填写在横线上）

1. 压缩冷凝系统在制冷系统中的作用是将从蒸发器出来的低压制冷剂蒸气转变为__________，以实现__________。

2. 压缩冷凝系统分为__________和__________。

3. 单级压缩冷凝系统主要由__________、__________、__________和__________等组成。

4. 以氨为制冷剂的单级压缩冷凝系统，常采用__________和__________。

5. 当采用淋浇式冷凝器、壳管式冷凝器时，则需设冷却水塔、水池，有时还要__________。

二、选择题（将正确答案的代号填在括号内）

1. 在氨制冷系统中，当冷凝压力与蒸发压力之比小于或等于（　　）时，以及在氟利昂制冷系统中，当冷凝压力与蒸发压力之比小于或等于（　　）时，均采用单级压缩冷凝系统。

A. 8　10　　B. 10　8　　C. 6　8　　D. 6　10

2. 为了克服运行期间在冷凝器间出现的冷凝压力的差异，以及储液器内压力有稍高于冷凝压力的可能和克服液体管道的流动阻力，以便冷凝的氨液能靠重力很快自流到储液器中，除冷凝器出液口至储液器进液管水平段的高度差应大于（　　）m 外，冷凝器与储液器还与气体均压管Ⅲ相连通。

A. 0.5　　B. 0.3　　C. 1.0　　D. 0.1

3. 氟利昂制冷剂的特征与氨制冷剂有所不同，氟利昂与润滑油能够互相溶解［（　　）是无限混合，R22 是有限混合］，密度大，几乎不溶于水。

A. R134A　　B. R410A　　C. R404A　　D. R12

4. 储液器的出液管段上装设的干燥过滤器，除了对液体脏污进行过滤外，还利用装在干燥器内的干燥剂来吸附制冷剂中的水分，以免造成（　　）发生冰堵而影响正常运行。

A. 热力膨胀阀　　B. 视液镜　　C. 电磁阀　　D. 手动截止阀

5. 采用卧式冷凝器循环用水方案时，必须注意冷却水在冷凝器中的温升应与冷却塔的（　　）能力相适应。

A. 降温　　B. 化霜　　C. 升温　　D. 冷却

三、判断题（正确的打“√”，错误的打“×”）

1. 分离出的润滑油通过浮球阀自动或定期打开手动阀门返回压缩机曲轴箱。（　　）

2. 冷凝器和储液器都设有安全阀，相连通的安全管Ⅰ一般高出机房屋面 1.5 m，因某种原因超过容器允许的最高压力（表压 0.8 MPa）时，安全阀自动跳开，向大气排出部分气体，以防止发生事故。（　　）

3. 单机双级压缩机也可采用配组式双级压缩机，单机双级压缩机的低压级机与高压级机的容积比一般为 3∶1 或 2∶1。（　　）

4. 对于氨系统，压缩机的回气（吸入）管与水平的回气总管的连接，从回气总管上部顺气流方向成小于 45°角引出，回气总管应倾斜于氨液分离器或低压循环储液器。（　　）

5. 水管在竖向安装时必须垂直，不得有倾斜、偏歪现象。（　　）

四、简答题

1. 单级压缩冷凝系统主要由哪些部件组成？

2. 双级压缩冷凝系统比单级压缩冷凝系统增加了哪两个环节？

3. 简述冷却水系统的基本安装要求。

4. 在压缩机的吸气管与水平的回气总管的连接上，对于氨系统和氟利昂系统各有什么不同要求？在压缩机的排气立管与水平的排气总管连接上有什么共同要求？

§3—3 冻结专用设备

一、填空题（将正确答案填写在横线上）

1. 冻结专用设备是冷库储藏物冻结过程所需要的专用设备，可以在短时间内__________，使之达到__________。

2. 平板冻结装置是接触式冻结方法中最典型的一种，是以__________组成的平板蒸发器，平板内有__________，平板进出口接头由耐压不锈钢软管连接。

3. __________采用一条折叠式不锈钢输送带，把所需冻结的食品放在该输送带上螺旋上升，配备高速强冷风循环，能使食品迅速冻结。

4. 沉浸式冻结设备是一种以______________________________________。

5. 往复振动式流态化速冻设备的特点是被冻食品在冻品槽（底部为多孔不锈钢板）内，由__________带动做水平往复式振动，以__________。

二、选择题（将正确答案的代号填在括号内）

1. 蛇形排管的水平间距为（　　）mm，管间的垂直中心距为250～300 mm。

A. 100～120　　B. 80～100　　C. 250～300　　D. 60～80

2. 采用搁架式排管冻结食品时，一般是把食品装在（　　）或不锈钢板制作的冻盘内，再把冻盘直接放到搁架式排管上进行冻结。

A. 镀锌钢板　　B. 铝板　　C. 铁板　　D. 不锈钢板

3. 柜式铝合金板翅式搁架冻结设备中的铝合金板翅式蒸发器有组织的强制式冷风循环，大大提高了速冻效果，可使食品冻结时间缩短（　　）%左右。

A. 20　　B. 15　　C. 25　　D. 30

4. 两段带式流态化冻结设备具有变频调速装置，对网带的传递速度进行（　　）。

A. 有级调速　　B. 变频调速　　C. 定频调速　　D. 无级调速

5. 沉浸式冻结设备使食品迅速通过冰结晶生成区域，形成的冰结晶（　　）而均匀，不致损伤食品的细胞组织，可以防止食品解冻时汁液的大量流失。

A. 大　　B. 多　　C. 小　　D. 少

三、判断题（正确的打“√”，错误的打“×”）

1. 对于氟利昂制冷系统，搁架式排管采用上进下出的供液方式，并设置分液器，以保证每组排管供液的均匀性。（　　）

2. 搁架式排管冻结设备制作简单，价格低廉，冻结效果好，耗电量小，适用于冻结分割肉、鱼类、家禽、冰激凌等小包装食品。（　　）

3. 平板间距的变化由液压系统驱动进行调节，将被冻食品压紧。（　　）

4. 往复振动式流态化速冻设备设有气流脉动机构，由电动机带动的旋转式风门组成，按一定的速度旋转，使通过流化床和蒸发器的气流流量不断增减。（　　）

5. 沉浸式冻结设备通常将食品直接沉浸于液体载冷剂（或称为不冻液）中，由于食品沉浸在不冻液中的换热系数要比在强冷风中的换热系数大得多，所以大大提高了食品的冻结速度。（　　）

四、简答题

1. 简述两段带式流态化冻结设备的主要特点。

2. 根据机械传送方式不同，食品流态化冻结设备可分为哪几大类？

3. 常见的专用冻结设备有哪几种？

4. 冻结专用设备与其他制冷设备相比有何特殊作用？

第四章　气调储藏与气调库

§4—1　气 调 储 藏

一、填空题（将正确答案填写在横线上）

1. 气调储藏是通过____________________，为水果蔬菜的储藏提供一个良好的气候环境，以达到果蔬长期保鲜、保质的目的。

2. 储藏环境中的气体是______________________________。

3. 气调储藏是在__________和______________________________中进行的。

4. 气调储藏与其他储藏方法相比，不仅可减少果蔬的__________，而且还可以__________的损失。

二、选择题（将正确答案的代号填在括号内）

1. 气调储藏是在（　　）和改变了空气成分的环境中进行的。

A. 低温高湿　　B. 高温高压　　C. 低温低湿　　D. 低温高压

2. 气调储藏的货架期长，与储藏中品质损失小、储后的果蔬具有较强的抗（　　）因素变化能力有关。

A. 气温　　B. 湿度　　C. 环境　　D. 地域

三、判断题（正确的打“√”，错误的打“×”）

1. 气调储藏不仅存在单一气体或单一因素的影响，更重要的是一种气体和多种因素的综合影响。（　　）

2. 减压气调即将储藏环境的气压升至一定程度并保持恒定。（　　）

四、简答题

1. 气调储藏具有哪些优点？

2. 气调储藏的方式有哪几种？

§4—2 气　调　库

一、填空题（将正确答案填写在横线上）

1. ____________是气调库在构造上区别于冷藏库的一个最主要的特点。

2. 气调库按储藏货物种类不同，可分为________、________、________等。

3. 彩镀波纹板兼作围护结构的气密层和防潮隔气层，____________或____________为围护结构的隔热层。

4. 调压气袋通常装在________与________之间，并与库内相通。

5. 气调库的制冷系统与____________的制冷系统基本一致。

二、选择题（将正确答案的代号填在括号内）

1. 装配组合式气调库又分为内结构架型和外结构架型，当气调库的建筑尺寸较（　　）时采用外结构架型，较（　　）时采用内结构架型。

A. 小　小　　B. 小　大　　C. 大　小　　D. 大　大

2. 按气调方式分类，只控制氧气和（　　）气体浓度的气调库称为一般气调库，还要控制其他气体浓度的气调库称为特殊气调库。

A. 二氧化碳　　B. 氮气　　C. 氧气　　D. 一氧化碳

3. 气调库的门也可以采用双道门，外门即普通的冷藏门，起隔热作用；内门用刚性材料（如钢板、硬质塑料等）制成，起（　　）作用。

A. 隔热　　B. 保温　　C. 气密　　D. 防湿

4. 气调系统包括气体调节装置系统、气体成分检测装置系统和（　　）。

A. 自动控制系统　　B. 手动控制系统

C. 半自动控制系统　　D. 计算机控制系统

5. 当硅膜两侧的各组分气体存在分压差时，气体从浓度高的一侧向浓度低的一侧渗透，并且各气体的渗透速度和方向彼此独立，互不干扰。氧气和二氧化碳的渗透比为（　　）。

A. 1∶1　　B. 1∶6　　C. 6∶1　　D. 2∶3

三、判断题

1. 单层建筑现代气调库几乎都是单层地面建筑，库内空间较高。这种特有的建筑形式是以气密性和安全性为前提而形成的。（　　）

2. 气调储藏过程中一般要开门，以防止破坏已调节好的气体成分。 （　　）

3. 气调库在入库和储藏稳定阶段的热负荷相差较小。 （　　）

4. 硅橡胶袋气调装置是利用硅橡胶织物的单面硅胶涂层对混合气体中各组分气体有选择性渗透的特性而制成的气体交换扩散装置。 （　　）

5. 除了乙烯装置之外，乙烯在冷库内的含量很少，只能用 mm 作为单位计量。（　　）

四、简答题

1. 试列举气调库在构造形式和管理使用上的特点。

2. 气调库的气调系统由哪几部分组成？

3. 气调库的主体构造形式有哪几种？

4. 安装气调库加湿器的注意事项有哪些？

第五章　制　冰

§5—1　人造冰的分类、性质和应用

一、填空题（将正确答案填写在横线上）

1. 人造冰通常是指人们科学地运用制冷设备来________________________。

2. 水冰又称________，是用________________。

3. 防腐冰是用____________________________________制成的。

4. 溶液冰是一种均匀的盐类和水的共晶体，是用盐类的共晶溶液制成的，也称为________。

5. 人造冰主要是利用其冷却效应，即________________________。

二、选择题（将正确答案的代号填在括号内）

1. 水冰的密度与形成时的环境（　　）和压力以及内部的空气和杂质含量等有关。

A. 湿度　　B. 温度　　C. 密度　　D. 光照

2. 水冰的熔点即水的冰点，其高低也和形成时的环境压力有关。在大气压力状态下，其熔点为（　　）℃。

A. −10　　B. 0　　C. 10　　D. −5

3. 干冰的密度与制取方法有关，其平均密度为 1.4×10^3 kg/m³。在常压下的升华温度为−78.5 ℃，在真空状态下的升华温度为（　　）℃。

A. −100　　B. 100　　C. 10　　D. −10

4. 利用干冰在常压下可获取−80 ℃的低温，如果将其置于密闭的容器中，用真空泵不断抽气，可得到（　　）℃的低温。

A. −100～100　　B. −110～−80　　C. −110～−105　　D. −105～100

5. 在工业上，通常大量使用的是价格便宜且来源充足的食盐（NaCl），所以一般又将冰盐混合物称为（　　）。

A. 盐水　　B. 水　　C. 盐水冰　　D. 水冰

三、判断题（正确的打“√”，错误的打“×”）

1. 根据冰的透明度（或称纯度），冰又可分为白冰和透明冰。（　　）

2. 盐水中通常采用的防腐剂为次氯酸盐，如次氯酸钾等，还可以用硝酸钠、过氧化氢以及维生素 C 等作为防腐剂。（　　）

3. 在常压下，利用水冰可获取 0 ℃的低温，还可以采用冰冷却的方法获得更低的温度。（　　）

4. 人造冰可为科学试验研究提供低温环境，用以检测仪器仪表、金属材料、电子电器元件等在低温状态下的性能。 （　　）

四、简答题

1. 干冰具有哪些特点？

2. 何为溶液冰？其最大的特点是什么？

3. 简述水冰的性质。

4. 何为防腐冰？其最大的特点是什么？

§5—2　制冰方法及设备

一、填空题（将正确答案填写在横线上）

1. 直接冷却制冰法，即利用制冷剂的__________直接将水冻结成冰。

2. 制冰装置主要包括__________、__________、__________、__________、__________、__________等设备。

3. 常用的蒸发器有__________、__________、__________等。

4. 融冰池是用______________________________的长方形水池，尺寸应比冰桶架大一些。

5. ____________________是把自来水或预冷后的制冰水加注到冰桶的装置。

二、选择题（将正确答案的代号填在括号内）

1. 在制冰池中焊有横隔板，将制冰池分成放置（　　）和制冰桶两部分空间。

A. 换热器　　B. 蒸发器　　C. 冷凝器　　D. 水桶

2. 制冰池面敷设木盖板，木盖板用（　　）mm 厚的双层木板制作，中间夹有防水油毡。

A. 50～80　　B. 50～60　　C. 60～80　　D. 80～100

3. 融冰池紧靠在制冰池的出冰端，水池内盛有自来水或特制的（　　）℃温水。

A. 0　　B. 20　　C. 40　　D. 60

4. 一般在选择盐水浓度时，应使其凝固点比制冷剂的蒸发温度低（　　）℃。

A. 6～8　　B. 6～10　　C. 4～8　　D. 8～10

5. 加入防腐剂后必须使盐水溶液呈碱性，pH 值为（　　）。

A. 9.5　　B. 10　　C. 7　　D. 9

三、判断题（正确的打“√”，错误的打“×”）

1. 为了减少外部热量的传入，在制冰池底及四周敷设隔热层和隔气层，也有的在制冰池底部设置通风管道或防冻加热装置，以防地坪冻鼓。（　　）

2. 根据制冰池的大小和结构，蒸发器在制冰池中有集中布置和分散布置等方式。（　　）

3. 搅拌器伸进制冰池内，由安装在制冰池一端上部的电动机通过传动带轮带动工作，因而传动轴与制冰池的密封性要求高，安装维修复杂，但卧式搅拌器工作时阻力较大。（　　）

4. 垂直输送采用螺旋滑冰道，多用于制冰池建在冷库下方的制冰系统中。（　　）

5. 盐水对金属有强烈的腐蚀性。为了减小盐水的腐蚀性，需在盐水中加入一定量的防腐剂。（　　）

四、简答题

1. 倒冰架具有哪些作用?

2. 蒸发器集中布置具有哪些优点?

3. 简述滑冰道平面输送和垂直输送两种形式的特点。

第六章　冷库的安装

§6—1　系统设备及管道的安装

一、填空题（将正确答案填写在横线上）

1. 制冷系统中的所有部件及管路均为压力容器，它们组成了____________________。

2. 在安装制冷压缩机前，应先检查____________________及__________是否符合技术要求。

3. 在安装水箱式蒸发器时，应先用__________做好基础，在基础上放置__________。

4. 为了减少制冷系统中不必要的冷量损失，提高设备运行的经济性，低温的管道和设备均应采取____________________。

5. 当用软质泡沫作为保温材料时，可将其直接包扎在__________上，然后再包以__________及保护层。

二、选择题（将正确答案的代号填在括号内）

1. 调整电动机与压缩机的同轴度，要求二者的径向偏差在（　　）mm。

A. 0.2～0.3　　B. 0.1～0.2　　C. 0.2～0.4　　D. 0.3～0.4

2. 卧式冷凝器通常与储液器一起安装，卧式冷凝器在（　　），储液器在下。

A. 上　　B. 下　　C. 顶部　　D. 底部

3. 纯铜管安装前可用四氯化碳溶液充灌清洗。如管内残留氧化皮等污物，可用质量分数为（　　）%的硫酸溶液进行酸洗，然后用冷水冲洗。

A. 15　　B. 10　　C. 20　　D. 25

4. 焊缝修补次数不得超过（　　）次，如需焊缝修补超过规定次数，则应截去原焊接处，换管重焊。

A. 5　　B. 2　　C. 1　　D. 3

5. 对设有（　　）的氟利昂压缩机回气管，为适应压缩机输气量发生变化时，既不影响竖管中垂直向上的气流速度，又不会使管道中压降过大，可采用双吸气竖管结构。

A. 蒸发压力调节阀　　B. 热力膨胀阀　　C. 能量调节阀　　D. 截止阀

三、判断题（正确的打“√”，错误的打“×”）

1. 当用聚氨酯泡沫塑料作为保温材料时，可用现场发泡的方法，使其在管道或设备的表面直接成形，然后再加保温层。（　　）

2. 绝热材料通常制成板块或管壳形，分层包在设备或管道的里面。（　　）

3. 在安装管道前要检查设备及管道中的阀门，必要时应拆卸清洗，并重新进行气密性试验。（　　）

4. 对于多台压缩机并联的制冷系统，应设均压管和均油管，保证润滑油快速地返回每台压缩机。（　　）

5. 氨制冷系统的管道必须采用无缝钢管，而不能采用纯铜管或其他有色金属管道。

（　　）

四、简答题

1. 在冷库安装中，各设备组件连接成一个整体系统之后还需先后对系统进行哪些处理工艺？

2. 发现泄漏，补焊时应注意哪些事项？

3. 管道安装的注意事项有哪些？（写三条即可）

4. 用于隔热、防潮使用的理想材料应满足哪些要求？

5. 为什么冷库冷凝器的冷却水应从端盖下部进入、上部放出？制冷剂则从上端进入、下端流出？

6. 对于采用纯铜管的氟利昂制冷设备管道，在安装前常采用什么方法进行清洗处理？

7. 简述氨制冷系统中无缝钢管的弯制方法。

8. 冷库设备的隔热材料通常采用哪三种保护层？

§6—2 系统气密性检查

一、填空题（将正确答案填写在横线上）

1. 制冷系统是一个洁净、干燥而又严密的________________。
2. 在完成吹污工作后，必须对____________________试验。
3. 气密性试验一般分为__________、__________和__________三种方式。

4. 真空试漏是让制冷系统处在适当真空下一定的时间，从真空压力表的读数是否变化来反映和观察空气__________，____________________。

5. 由于氟利昂等制冷剂的渗透性较强，当系统只存在____________________时，仅用真空试验往往难以确定系统是否存在泄漏隐患。

二、选择题（将正确答案的代号填在括号内）

1. 对于小型制冷系统，清污的基本方法是：首先断开（　　）与制冷系统其他部件的连接口，接着将高压氮气经减压阀减压至 0.5～0.6 MPa 后接到冷凝器进口进行吹扫。

A. 压缩机　　B. 干燥过滤器　　C. 能量调节阀　　D. 蒸发器

2. 采用压缩机本身的压缩空气吹污，压缩机的排气温度不应超过（　　）℃，否则必须断续进行吹污。

A. 100　　B. 110　　C. 120　　D. 130

3. 工质试漏的基本方法是，系统抽真空后充入与该系统使用的制冷剂相同的物质，充入量以系统中的压力达到比环境温度下工质冷凝压力低约（　　）MPa 为准。

A. 0.01　　B. 1　　C. 0.1　　D. 0.2

4. 工质试漏也可以用下述方法进行：先向系统内充入（　　）MPa 压力的工质，再充入干燥氮气，使总大气压力为 0.8～1 MPa。

A. 0.2～0.3　　B. 0.1～0.2　　C. 0.8～1　　D. 0.2～0.4

5. 接通真空泵电源，对系统抽真空，直至真空压力表的读数达到（　　）MPa，适当时间后将吸气截止阀杆逆时针旋转退出并旋紧。

A. 0　　B. −0.1　　C. 1　　D. 0.2

三、判断题（正确的打“√”，错误的打“×”）

1. 启动压缩机，使系统内的空气排入大气。压缩机的吸入阀门应缓慢打开，以免系统内的气体来不及排出，造成排气压力过高而引起高压保护等。（　　）

2. 利用系统中的压缩机进行自抽真空试验。对于较大的制冷系统，通常用这种方法进行真空试验。（　　）

3. 打开热力膨胀阀前的截止阀或手动旁通阀，只向系统的高压部分充压到高压系统的试验压力值，待压力平衡后记下压力表的具体读数和环境温度。（　　）

4. 对于较大的制冷系统，为了减小气体流动阻力和气体流量，可分段清污。（　　）

5. 系统中的机械杂质及其他污物来源于设备和管道在制造加工、施工安装和维护检修时带来的铁屑、焊渣、氧化皮、砂粒、铁锈以及其他杂质。（　　）

四、简答题

1. 若系统中存在着机械杂质或其他污物，对设备可能会产生哪些影响？

2. 简述制冷系统压力试漏的操作步骤。

3. 使用R717、R507和R22的制冷系统做气密性压力试验时，高压系统和低压系统的试验压力值各选多大？

4. 为什么小型制冷系统的压力试验必须用干燥氮气？

§6—3 制冷系统抽真空与充注制冷剂

一、填空题（将正确答案填写在横线上）

1. 制冷系统中不允许有水分和其他的不凝性气体存在，否则会严重影响制冷设备的正常工作，所以在制冷系统充注制冷剂前________________。

2. 制冷系统至真空泵的连接件及管道都不能有泄漏的隐患，自身应具有________________。

3. 若排气口总有气泡冒出，则系统必须重新做________________。

4. 制冷剂瓶口应________________，将带有修理表阀的软接管与________连接好。

5. 试运转时应注意观察冷库各参数及运行状态，分析认为________________，直至一切正常。

二、选择题（将正确答案的代号填在括号内）

1. 用连接软管（或附带有三通修理表阀的软接管）将（　　）与制冷系统接通。

A. 制冷剂　　B. 氮气　　C. 真空泵　　D. 回收机

2. 打通制冷系统内的所有阀件后，接通真空泵电源，抽出系统内的水分和不凝性气体，使其内部呈现要求较高的（　　）。

A. 干燥状态　　B. 潮湿状态　　C. 真空状态　　D. 制冷剂状态

3. 采用自抽真空法抽真空时，旋下排气截止阀杆护盖，顺时针旋转并旋紧此阀螺杆，切断压缩机排气口与（　　）之间的通道。

A. 冷凝器　　B. 蒸发器　　C. 压缩机　　D. 风机

三、判断题（正确的打“√”，错误的打“×”）

1. 在制冷系统采用自抽真空法抽真空过程中，当排气口基本没有气体排出时，把“排气短管”插入油杯中，继续自抽真空。（　　）

2. 吸气截止阀不要开得太大，否则可能会因来不及排气而打坏压缩机回气阀。（　　）

3. 一切正常后，将吸气截止阀杆（或排气截止阀杆）逆时针退出、扳紧，旋上阀杆护盖，旋下软接管并重新将吸气（或排气）多用孔口用细牙螺塞封紧。（　　）

四、简答题

1. 简述两种真空试验的具体步骤和方法。

2. 简述外接真空泵抽真空操作时的注意事项。

3. 简述对氨制冷系统充注制冷剂的步骤与方法。

第七章　冷库试运行、运行状态的调整和日常管理

§7—1　冷库的试运行

一、**填空题**（将正确答案填写在横线上）

1. 冷库安装完毕后要试运行，以保证日后冷库能＿＿＿＿＿、＿＿＿＿＿地工作。

2. 在设备使用前必须对设备所需要的＿＿＿＿＿进行检查，以保证其正常供电。

3. ＿＿＿＿＿＿＿＿＿＿是制冷设备安全运行的保护装置。

4. 启动冷却系统应注意观察电动机的＿＿＿＿＿＿＿＿＿＿、＿＿＿＿＿＿＿＿＿＿以及＿＿＿＿＿＿、＿＿＿＿＿＿。

5. 当压缩机正常运转，制冷系统正常工作后，就可以对＿＿＿＿＿进行调试，调试的目的是使冷库能适应各种冷却物的需要。

二、**选择题**（将正确答案的代号填在括号内）

1. 不同的制冷压缩机其润滑系统均有所不同，应针对不同形式的润滑系统做相应的检查，其中还包括（　　）和洁净度的检查。

A. 油量　　B. 润滑油的种类　　C. 润滑　　D. 流向

2. 制冷设备中常用的安全保护元件有（　　）、压差继电器、安全阀、易熔塞等。

A. 电磁阀　　B. 能量调节阀　　C. 压力继电器　　D. 球阀

3. 启动压缩机，使制冷系统运行。运行中注意观察（　　）、吸气压力、油压力、压缩机温升、冷凝器和蒸发器不同管道处的温度、振动情况等。

A. 排气压力　　B. 吸气温度　　C. 冷凝器出口温度　　D. 换热器温度

4. 正常情况下，一般通过人工调热力膨胀阀的调节杆来控制蒸发温度和制冷剂供液量，主要依据蒸发器出口处制冷剂的状态来进行调试，一般将过热度控制在（　　）℃的范围之内。

A. 0～3　　B. 3～5　　C. 5～8　　D. 5～10

5. 若过热度过（　　），会造成制冷剂的供液量过多；若过热度过（　　），则会造成制冷剂的供液量过少。

A. 小　小　　B. 小　大　　C. 大　大　　D. 大　小

三、**判断题**（正确的打“√”，错误的打“×”）

1. 传动装置是开启式压缩机与电动机的联系部件，它把电动机的动力传递给压缩机，

使压缩机获得压缩动力。（　　）

2. 一般在保证有足够的传热温差的基础上，应尽可能地降低蒸发温度，以保证有足够的制冷剂供液量。（　　）

3. 制冷压缩机试运行时要注意压缩机运行声响及电磁阀开启情况，必要时还应检查压力继电器、压差继电器等保护元件的动作灵敏度。（　　）

4. 在压缩机启动时，应检查传动装置的可靠性和安全性。（　　）

四、简答题

1. 冷库安装完毕后，在设备投入使用之前为何要进行试运行？试运行前必须进行哪些检查？

2. 冷库的安全保护元件主要有哪些？

3. 简述冷却系统试运行检查的内容。

4. 简述热力膨胀阀的调试方法。

§7—2　运行状态的调整

一、填空题（将正确答案填写在横线上）

1. 制冷系统的运行状态与________、________、________和________有着密切的关系。

2. 蒸发温度的变化与____________、____________和________有关。

3. 冷凝温度是指________________________。

4. 吸气温度一般是指压缩机吸入阀处制冷剂的温度，可用________测得。

5. 排气温度与________、________、________________等因素有关。

二、选择题（将正确答案的代号填在括号内）

1. 蒸发温度应始终低于库温，这样才能保证蒸发器内的制冷剂液体不断（　　）而吸收冷库内空气及被冷却介质的热量，达到冷藏、冷冻物品的目的。

A. 冷凝　　B. 蒸发　　C. 冷却　　D. 循环

2. 传热温差在运行过程中也不是固定不变的，例如机组刚开始运行时，由于热负荷较（　　），传热温差也较（　　）。

A. 大　大　　B. 大　小　　C. 小　小　　D. 小　大

3. 调整蒸发压力可通过改变（　　）的开启度或调节制冷压缩机的输气量（具有输气量调节的压缩机）来实现。

A. 电磁阀　　B. 手阀　　C. 蒸发压力调节阀　　D. 节流阀

4. 蒸发压力的高低，可通过装在压缩机（　　）的压力表上的读数反映出来。

A. 吸气端　　B. 排气端　　C. 冷凝端　　D. 蒸发端

5. 吸气温度越高，压缩比越大，制冷剂的绝热指数越（　　），则排气温度就越（　　）。

A. 高　低　　B. 高　高　　C. 低　低　　D. 低　高

三、判断题（正确的打“√”，错误的打“×”）

1. 蒸发温度应始终低于库温，这样才能保证蒸发器内的制冷剂液体不断蒸发而吸收冷库内空气及被冷却介质的热量，达到冷藏、冷冻物品的目的。（　　）

2. 改变压缩机的排气量，要根据不同压缩机的结构确定操作方法。（　　）

3. 对多个并联蒸发器供液的同一个供液系统而言，进行冷量分配的操作时，要根据各个蒸发器相同的需要来进行制冷剂流量的分配。（　　）

4. 传热温差的变化将导致蒸发温度的变化，蒸发温度过高或过低对制冷系统都是不利的，因此，要加以适当调整。（　　）

5. 冷凝温度是指冷凝器内制冷剂排气在一定压力下凝结时的饱和温度。（　　）

四、简答题

1. 在冷库设备中，可通过哪几个方面来调整制冷量？

2. 冷凝温度过高会给冷库的正常运行带来哪些不利影响？

3. 通常从哪两个方面对冷凝温度进行调整？

4. 吸气过热对压缩机的制冷量、功率消耗及制冷系数都会带来明显的不利影响，但是为什么还要设置一定的过热度？

5. 简述导致压缩机运行的可靠性和经济性下降的因素。

§7—3　冷库的安全操作管理

一、填空题（将正确答案填写在横线上）

1. 制冷系统中不仅有________________等监视设备，还有一些可以起到自动保护作用的安全设备。

2. 液击是造成压缩机机械损伤的一个重要原因，尤其是对________________。

3. 制冷设备的管理是指制冷设备的________________、________________、________________的管理工作。

4. 库房应根据设计规定的用途使用________________，不能随意变更（装配式冷库除外）。

5. 冷库是隔热保温良好的密闭性建筑，结构复杂、造价高、________________、________________、怕热湿空气、________________。

二、选择题（将正确答案的代号填在括号内）

1. 机器间和设备间设有事故排风设备，以及时排除有害气体，设备排风能力要求每小时能将室内空气更换不少于（　　）次。

A. 4　　B. 8　　C. 9　　D. 1

2. 螺杆式压缩机发生液击现象时，应马上关小压缩机的（　　），并关闭节流阀停止供液。

A. 排气截止阀　　B. 安全阀　　C. 止回阀　　D. 吸气截止阀

3. 中间冷却器停止工作时，中间压力不应超过（　　）MPa，超过时应采取降压或排液措施。

A. 0.6　　　　B. 0.8　　　　C. 0.5　　　　D. 1.0

4. 回气管未保温时，管上的结霜长度不宜超过（　　）m，回气管包保温层，则回气管不结霜。

A. 1.5　　　　B. 1.2　　　　C. 1.0　　　　D. 1.8

5. 冷库使用时处于高温环境之中，室内外的温湿差（　　），热湿交换频繁。

A. 小　　　　B. 大　　　　C. 中　　　　D. 一般

三、判断题（正确的打“√”，错误的打“×”）

1. 压力继电器分为压力继电器和压差继电器两种。（　　）

2. 一般情况下，要求阀门的开启和关闭都应缓慢进行。（　　）

3. 打开需要排液设备的出液阀和排液阀的进液阀进行排液，桶内液位不超过总液位的80%。（　　）

4. 库内的墙、地坪、顶棚和门框上应无冰、霜、水，要做到随有随清除。（　　）

5. 地下通风管道周围可以堆放物品，也可以建新的建筑物。（　　）

四、简答题

1. 简述压力保护设备有哪些。

2. 易发生液爆的部位包括哪些？

3. 简述热氨融霜的操作步骤。

第八章　冷库设备常见故障的检修

§8—1　压缩机的常见故障检修

一、填空题（将正确答案填写在横线上）

1. 压缩机是________________的核心部件。

2. 压缩机的敲击声可分为________________和________________两类。

3. 膨胀阀开启度过大，进入蒸发器的液态制冷剂过多，________________就被压缩机吸入气缸。

4. 出现“液击”现象时，压缩机有撞击声，__________变化不大而__________急剧下降，气缸、曲轴箱、排气腔均发凉或结霜。

5. 压缩机的抱合是指压缩机运动件的________________而不能相对运动。

二、选择题（将正确答案的代号填在括号内）

1. 一般曲轴箱内温度保持在35～55 ℃比较适宜，最高不超过（　　）℃。

A. 100　　B . 90　　C. 80　　D. 70

2. 冷冻油太脏或变质，会引起摩擦面润滑条件恶化，发热量（　　）造成温度过（　　）。

A. 增大　高　　B. 增大　低　　C. 减小　高　　D. 减小　低

3. 在压力润滑系统中，油泵压力必须克服曲轴箱内的（　　），才能将冷冻机油输送到各摩擦表面建立油膜。

A. 氨压力　　B. 回气压力　　C. 排气压力　　D. 制冷剂压力

4. 压缩机卡缸主要是由锈蚀所引起的，锈蚀是压缩机长期搁置且维护不当，因（　　）侵入而造成的。

A. 潮气　　B. 铁锈　　C. 泥土　　D. 木屑

5.（　　）制冷压缩机的制冷剂和冷冻油互溶，所到之处都能起到一定润滑作用，拉毛现象较为少见。

A. R410A　　B. R134A　　C. R22　　D. R12

三、判断题（正确的打“√”，错误的打“×”）

1. 在装配过程中，因操作不当导致飞轮的键与键槽的配合间隙过大，加载运转后，键槽受到键的冲击和挤压，使键槽的宽度越挤越大。（　　）

2. 齿轮磨损导致油压升高，甚至不能泵油，会引起抱轴等多种事故。（　　）

3. 蒸发器结霜太厚，造成传热热阻增大，制冷剂在蒸发器内的吸热量大大降低，大量

的湿蒸气来不及汽化就被吸入气缸。（　　）

4. 实践证明，配合间隙大于活塞销原配合间隙最大值的 2～3 倍时，就有可能产生撞击声。应及时更换活塞销或连杆小头衬套。（　　）

5. 若压缩机、电动机或机组的地脚螺母松动，往往会导致机组的振动突然加剧，应及时停机紧固地脚螺母。（　　）

四、简答题

1. 简述压缩机内部出现敲击声的检修方法。

2. 简述压缩机外部出现敲击声的检修方法。

3. 简述压缩机产生“液击”的原因及处理“液击”的方法。

4. 压缩机的抱合是指什么？

5. 简述油泵压力过低的原因。

6. 简述开启式压缩机轴封渗漏的主要原因。

§8—2　系统堵塞故障的诊断与排除

一、填空题（将正确答案填写在横线上）

1. 制冷系统堵塞是制冷系统常见故障之一，制冷系统堵塞后，制冷剂的流动被______，使系统失去制冷能力，根据堵塞发生的原因不同，堵塞可分为______和______两种。

2. 制冷系统堵塞后，不仅使__________________，而且也会使__________________（堵塞不严重时，降低得不太明显）。

3. 如果干燥过滤器的过滤网产生了脏堵，则该部位就会产生____________________或____________________现象，或使该部位前后温差明显增大。

二、选择题（将正确答案的代号填在括号内）

1. 系统产生冰堵现象后，制冷剂流量也相应（　　），甚至完全消失。

A. 减小　　B. 增大　　C. 不变　　D. 结霜

2. 制冷系统的零部件在安装之前没有经过（　　）处理。

A. 吹污　　B. 氮气　　C. 加氟　　D. 抽真空

3. 冰堵一般发生在蒸发温度低于（　　）℃的冷藏、冷冻装置上。

A. 0　　B. 10　　C. －10　　D. 5

4. 无论冰堵还是脏堵，只要出现其中任何一个故障，都应清洗（　　）、干燥过滤器的过滤网，更换干燥剂。

A. 视液镜　　B. 膨胀阀

C. 蒸发压力调节阀　　D. 电磁阀

三、判断题（正确的打“√”，错误的打“×”）

1. 目前市场上有些散装制冷剂的价格便宜，质量低劣，水分、杂质含量高，纯度低，沸点高。（　　）

2. 焊接过程中产生的氧化皮在进行吹污处理时并未完全脱落，而在投入运转以后在制冷剂的冲刷下氧化皮才逐渐脱落。（　　）

3. 因为所使用冷冻油的凝固点偏高，制冷剂流经阀孔时，因温度突然变高，使溶解于制冷剂中的一部分冷冻油析出，呈糊状，粘在阀孔上而造成脏堵。（　　）

4. 若发生堵塞故障，应停止压缩机运行，待膨胀阀表面的凝霜融化后，经过一定时间

再次启动压缩机，制冷系统可正常运行一段时间，然后再次堵塞，这种现象可判断为冰堵。（ ）

5. 一旦发生制冷系统堵塞故障，应准确判断故障原因，及时排除，防止压缩机过冷，使故障扩大。（ ）

四、简答题

1. 排除冰堵有哪几种方法？

2. 排除制冷系统堵塞故障常用哪几种方法？

3. 简述制冷系统堵塞故障的检查、维修中应注意的问题。

§8—3 冷库水泵和冷却塔的维修

一、填空题（将正确答案填写在横线上）

1. 开泵后不出水的原因有：水泵吸水管及压水腔内__________或________________。

2. 水泵吸水管__________，使空气渗入泵体内，也会影响水泵的正常运行。

3. 吸水管接头__________，大量空气渗入，或____________________，阻碍水流，也可能导致开泵后水泵的给水量不足。

4. 冷却塔的作用是____。

5. 水泵运行时产生振动的原因是____________________________，或________________，导致泵轴变形弯曲，或原地脚螺栓松动而导致振动等。

二、选择题（将正确答案的代号填在括号内）

1. 若开泵后不出水，可检查电动机的旋转方向与（　　）上箭头所指示方向是否相符。如果不符，应予以纠正。

A. 水泵　　　　B. 冷却塔　　　　C. 风机　　　　D. 分水器

2. 水泵内摩擦环间隙（　　），或叶轮损坏，或轴封套松动，或填料筒内盘根损坏，会导致水量渗漏（　　）。

A. 太小　过多　　B. 太大　过多　　C. 太小　过少　　D. 太大　过少

三、判断题（正确的打“√”，错误的打“×”）

1. 水泵吸水高度太大，或给水扬程大于水泵铭牌规定值时，通常用真空表或压力表测量后决定是否需要更换水泵。（　　）

2. 有空气自吸水管或填料筒进入泵体内，形成空气囊，阻碍水流时，可将泵体上的放气旋塞打开以排出空气。（　　）

3. 轴承发热或因润滑干涸所致，或因水泵中心线错位等所致，应查明原因后处理。（　　）

4. 在水泵运行中，值班人员应随时注意轴承是否发热，出水量是否正常，是否产生振动与噪声，电动机是否过热（一般应不大于 80 ℃）等。（　　）

5. 在装配时应测量叶轮与蜗壳之间的间隙是否符合规定。在拧紧盖子螺母前，应检查有无棉纱、小工具、螺钉、螺母等物遗留在泵体内。（　　）

四、简答题

1. 打开水泵后不出水的原因有哪些？

2. 简述水泵的保养方法。

§8—4　制冷系统的其他维护事项

一、填空题（将正确答案填写在横线上）

1. 有些制冷系统因含有少量的空气而使＿＿＿＿＿＿明显下降，甚至造成设备＿＿＿＿＿＿＿＿＿＿＿＿，为此，必须将空气从系统内排出。

2. 当制冷系统存在水分时，会对设备的正常运转产生不利影响。当水分超量时还会出现＿＿＿＿＿＿＿＿＿＿＿＿现象，使制冷循环中断。

3. 制冷系统在通过一项或数项气密性试验后，若发现有泄漏情况，接下来就需要寻找并确定具体的泄漏部位，这项工作称为＿＿＿＿＿＿＿＿＿＿。

4. 开启式压缩机的冷库制冷系统使用一段时间后，经常会由于泄漏的缘故，造成系统中的＿＿＿＿＿＿＿＿＿＿＿＿＿＿＿＿逐渐减少。

5. 阀门在使用过程中容易导致泄漏，且泄漏量在制冷系统全部泄漏量中占有很大的比重，因此，不可忽视对＿＿＿＿＿＿＿＿＿＿＿＿＿＿＿＿。

二、判断题（正确的打“√”，错误的打“×”）

1. 手摸冷凝器管路，感觉温度沿程下降迅速，中段无相对恒定温度，出口已接近室温，干燥过滤器无温热感，说明制冷系统中存在残留空气。（　）

2. 未能一次性有效地排除系统内的空气，残留空气的影响仍较明显时，可运用多种方法多次进行空气排除，直到残留空气基本排出系统。（　）

3. 进行油迹检漏前，先向相关系统充入一定压力的氮气或干燥空气，然后用清洁的海绵蘸上洗洁精（或肥皂水）涂抹于被检处，静待数分钟后仔细观察是否有白色泡沫或气泡泛起，如有，即可断定该处存在泄漏点。（　）

4. 当系统中制冷剂的压力较高时，泄漏处有时会出现微弱的“吆吆”声响，漏点较大时响声更明显。因此，可根据声响来确定泄漏的部位。（　）

5. 卤素检漏法适用于可拆卸的单个部件或局部系统的检漏。检漏前，先向系统充入一定压力的干燥空气或氮气，压力的大小视被检部件的耐压情况而定。（　）

三、简答题

1. 简述制冷系统内存在空气的常见特征。

2. 制冷系统内存在的空气应怎样排出？

3. 简述冷库制冷系统中水分的排除步骤和方法。

4. 常用的检漏方法有哪些？

5. 阀门故障有哪几种？

6. 电磁阀接通电源后，阀门不开启的原因有哪些？

7. 简述开启式压缩机的制冷系统补充制冷剂的具体步骤和方法。

第九章　冷库电气设备的控制与保护

一、填空题（将正确答案填写在横线上）

1. 万用表是一种应用范围很广的测量仪表，是制冷设备电气检修中最常用的工具，它可以测量__________或__________、__________、__________等。

2. 钳形电流表是一种____的专用仪表。

3. 兆欧表又称绝缘摇表，是一种测量________________________________的仪表。

4. 制冷与空调设备的电气控制电路一般有____________、__________、__________、_________________________等电路。

二、选择题（将正确答案的代号填在括号内）

1. 家用电冰箱、空调器的绝缘电阻值应在（　　）MΩ 以上。

A. 0.5　　B. 1　　C. 1.5　　D. 2

2. 全封闭压缩机由（　　）两部分组成。

A. 机体与曲轴　　B. 活塞与阀板组

C. 活塞与气缸　　D. 压缩机与电动机

3.（　　）动作不会使制冷压缩机停止运转。

A. 热力膨胀阀　　B. 压力继电器

C. 温度控制继电器　　D. 热保护继电器

4. 单相异步电动机采用电阻分相式启动的特点是（　　）。

A. 启动转矩小而启动电流大　　B. 启动转矩大且启动电流大

C. 启动转矩小且启动电流小　　D. 启动转矩大而启动电流小

5. 单相异步电动机采用电容启动方式的特点是（　　）。

A. 启动电流较大，启动转矩较小　　B. 启动电流较小，启动转矩较大

C. 启动电流较大，启动转矩较大　　D. 启动电流较小，启动转矩较小

三、简答题

1. 压缩机的安全保护有哪几种？

2. 简要说明螺杆式压缩机启动的形式。

3. 螺杆式制冷机组除了具有活塞式机组的保护功能外，还具有哪些常见保护功能？

4. MTC-5080 型微电脑温度控制器具有哪些功能？

综合测试题一

一、填空题（将正确答案填写在横线上。每空1分，共30分）

1. 冷库按规模大小分为＿＿＿＿＿、＿＿＿＿＿和＿＿＿＿＿＿。

2. 由于冷库内外温差很大（建筑内外温差有可能超过70 ℃），热湿交换严重，要求围护结构要有较好的＿＿＿＿＿＿＿和＿＿＿＿＿＿＿＿＿＿。

3. 冷库用的隔热材料种类很多，按其组成可分为＿＿＿＿＿和＿＿＿＿＿两大类。

4. 制冷压缩机按工作原理可分为两大类，即＿＿＿＿＿和＿＿＿＿＿。

5. 热力膨胀阀有＿＿＿＿＿与＿＿＿＿＿两种结构。

6. 单级压缩冷凝系统主要由＿＿＿＿＿、＿＿＿＿＿、＿＿＿＿＿＿＿＿＿＿等组成。

7. 水冰又称＿＿＿＿＿，是用＿＿＿＿＿＿＿＿＿＿＿＿＿＿＿。

8. 当用软质泡沫作为保温材料时，可将其直接包扎在＿＿＿＿＿＿＿＿，然后再包以＿＿＿＿＿及保护层。

9. 气密性试验一般分为＿＿＿＿＿、＿＿＿＿＿和＿＿＿＿＿三种方式。

10. 蒸发温度的变化与＿＿＿＿＿＿＿＿、＿＿＿＿＿＿＿＿和＿＿＿＿＿＿＿＿有关。

11. 制冷系统堵塞后，不仅使＿＿＿＿＿＿＿＿，而且也会使＿＿＿＿＿＿＿＿（堵塞不严重时，降低得不太明显）。

12. 万用表是一种应用范围很广的测量仪表，是制冷设备电气检修中最常用的工具，它可以＿＿＿＿＿或＿＿＿＿＿、＿＿＿＿＿、＿＿＿＿＿等。

二、选择题（将正确答案的代号填在括号内。每题2分，共20分）

1. （　　）动作不会使制冷压缩机停止运转。

A. 热力膨胀阀　　B. 压力继电器

C. 温度控制继电器　　D. 热保护继电器

2. 制冷系统的零部件在安装之前没有经过（　　）处理。

A. 吹污　　B. 氮气　　C. 加氟　　D. 抽真空

3. 下列属于速度型压缩机的是（　　）。

A. 活塞式压缩机　　B. 螺杆式压缩机　　C. 回转式压缩机　　D. 离心式压缩机

4. 一般曲轴箱内温度保持在35～55 ℃比较适宜，最高温度不要超过（　　）℃。

A. 100　　B. 90　　C. 80　　D. 70

5. 压缩机启动运行（　　）min，停机后检查各部位的润滑和温升应无异常，然后再继续运行1 h。

A. 5　　　　B. 20　　　　C. 10　　　　D. 1

6. 国际上规定用字母（　　）和后面紧跟着的数字作为制冷剂的代号。

A. A　　　　B. L　　　　C. R　　　　D. Z

7. 调整蒸发压力可通过改变（　　）的开启度或调节制冷压缩机的输气量（具有输气量调节的压缩机）来实现。

A. 电磁阀　　　　B. 手阀

C. 蒸发压力调节阀　　　　D. 节流阀

8. 冷凝温度一定，随着蒸发温度下降，制冷机组的制冷量（　　）。

A. 增大　　　　B. 减小　　　　C. 不变　　　　D. 不能确定

9. 焊缝修补次数不得超过（　　）次，如需焊缝修补超过规定次数，则应截去原焊接处，换管重焊。

A. 5　　　　B. 2　　　　C. 1　　　　D. 3

10. 在制冷系统中，油分离器安装在（　　）之间。

A. 蒸发器和压缩机　　　　B. 压缩机和冷凝器

C. 冷凝器和膨胀阀　　　　D. 膨胀阀和蒸发器

三、判断题（正确的打“√”，错误的打“×”。每题 2 分，共 20 分）

1. 安装制冷管道前，必须将管道内外的污物和铁锈清除干净。（　　）

2. 改变压缩机的排气量，要根据不同压缩机的结构确定操作方法。（　　）

3. 在压缩机启动时，应检查传动装置的可靠性和安全性。（　　）

4. 垂直输送采用螺旋滑冰道，这种输送方式多用于制冰池建在冷库下方的制冰系统中。（　　）

5. 减压气调即将储藏环境的气压升至一定程度并保持恒定。（　　）

6. 回热器只用于氟利昂制冷系统中。（　　）

7. 为了防止冰堵，所有制冷系统都应安装干燥器。（　　）

8. 分离出的润滑油通过浮球阀自动或定期打开手动阀门，返回压缩机曲轴箱。（　　）

9. 在氨液分离器中，氨蒸气的运动方向是变化的，故有利于将蒸气中的液滴分离出来。（　　）

10. 沉浸式冷凝器的铜管盘成螺旋状浸没在水箱里。（　　）

四、简答题（回答要点，并简明扼要进行解释。每题 5 分，共 30 分）

1. 卧式壳管式冷凝器具有哪些优点？

2. 简述减速型电动式电子膨胀阀的结构特点。

3. 简述热力膨胀阀的工作原理及其安装方法。

4. 制冷设备中的换热设备主要有哪些？

5. 高压储液器的工作原理是什么？

6. 简述两段带式流态化冻结设备的主要特点。

综合测试题二

一、填空题（将正确答案填写在横线上。每空 1 分，共 25 分）

1. 冷库常用的制冷压缩机的类型为________________，结构为________________。

2. 冷凝器按冷却介质和冷却方式可以分为_________、_________和_________。

3. 一台制冷设备刚开始运转时，蒸发器是从常温下开始______，热负荷为_________，此时制冷剂的循环量也_________。

4. 直接膨胀供液系统一般适用于__________________或______________________。

5. 往复振动式流态化速冻设备的特点是被冻食品在冻品槽（底部为多孔不锈钢板）内，由_________带动做水平往复式振动，以__________________。

6. 气调储藏与其他储藏方法相比，不仅可减少果蔬的________，而且还可以________的损失。

7. 常用的蒸发器有_________、_________、_________等。

8. 冷库机房突然全部停电，会使原来运行的压缩机突然全部停止运行，如果压缩机的热氨排气管__________设单向阀，则操作人员对压缩机紧急处理的出发点是____________________，避免_________存液失控。

9. 出现_________时，压缩机有撞击声，_________变化不大而_________急剧下降，气缸、曲轴箱、排气腔均发凉或结霜。

10. 制冷系统因含有少量的空气而使_________明显下降，甚至造成设备_________，为此，必须将空气从系统内排出。

二、选择题（将正确答案的代号填在括号内。每题 2 分，共 20 分）

1. 单相异步电动机采用电容启动方式的特点是（　　）。

A. 启动电流较大，启动转矩较小　　B. 启动电流较小，启动转矩较大
C. 启动电流较大，启动转矩较大　　D. 启动电流较小，启动转矩较小

2. 若开泵后不出水，需检查电动机的旋转方向与（　　）上箭头所指示方向是否相符。

A. 水泵　　B. 冷却塔　　C. 风机　　D. 分水器

3. 无论冰堵还是脏堵，只要出现其中任何一个故障，都应清洗（　　）、干燥过滤器的过滤网，更换干燥剂。

A. 视液镜　　B. 膨胀阀　　C. 蒸发压力调节阀　　D. 电磁阀

4. 在往复式压缩机中，曲柄连杆机构不包括（　　）方面。

A. 活塞组　　B. 连杆　　C. 活塞裙　　D. 曲轴

5. 下列不属于容积型压缩机的是（　　）。

A. 滚动转子式　　B. 滑片式　　C. 涡旋式　　D. 离心式

6. 在压力润滑系统中，油泵压力必须克服曲轴箱内的（　　），才能将冷冻机油输送到各摩擦表面建立油膜。

A. 氨压力　　B. 回气压力　　C. 排气压力　　D. 制冷剂压力

7. 气调库在结构上区别于冷藏库的一个最主要的特征是（　　）。

A. 安全性　　B. 观察性　　C. 气密性　　D. 调压性

8. 润滑油在压缩机中起重要作用，但不包括（　　）方面。

A. 吸收制冷剂　　B. 减少摩擦

C. 带走摩擦产生的热量和磨屑　　D. 密封

9. 传热温差在运行过程中也不是固定不变的，例如机组刚开始运行时，由于热负荷较（　　），传热温差也较（　　）。

A. 大　大　　B. 大　小　　C. 小　小　　D. 小　大

10. 采用自抽真空法抽真空时，旋下排气截止阀杆护盖，顺时针旋转并旋紧此阀螺杆，切断压缩机排气口与（　　）之间的通道。

A. 冷凝器　　B. 蒸发器　　C. 压缩机　　D. 风机

三、判断题（正确的打“√”，错误的打“×”。每题2分，共30分）

1. 在往复式压缩机气缸的布置中，十字形布置不需要连杆，因而结构简单、紧凑。（　　）

2. 冷却系统具有系统简单、操作方便的特点，适用于缺水的地区和大型冷库。（　　）

3. 冷库中使用的开启式活塞式制冷压缩机是依靠传动装置驱动进行运转的。（　　）

4. 蒸发压力调节阀也可用于一台压缩机配置蒸发压力不同的两个或两个以上蒸发器的制冷系统。（　　）

5. 检查曲轴箱底是否漏油的方法是：将煤油注入机身内，使润滑油升至最高油位，若持续 4 h 以上无渗漏现象说明曲轴箱底不漏油。（　　）

6. 在氨液分离器中，氨蒸气的运动方向是变化的，故有利于将蒸气中的液滴分离出来。（　　）

7. 当冷却设备内的压力降较小时，通常选用外平衡式热力膨胀阀。（　　）

8. 水管在竖向安装时必须垂直，不得有倾斜或偏歪现象。（　　）

9. 气调库在入库和储藏稳定阶段的热负荷相差较小。（　　）

10. 盐水对金属有强烈的腐蚀性，为了减小盐水的腐蚀性，需在盐水中加入一定量的防腐剂。（　　）

11. 绝热材料通常制成板块或管壳形，分层包在设备或管道的里面。（　　）

12. 螺杆式压缩机转子在压缩制冷剂空气时主要受到摩擦力的作用，还有气体的作用力等。（　　）

13. 在立式壳管式冷凝器中，冷却水自顶部进入水箱后，被均匀地分配到各个管口，每个钢管顶端装有一个带斜槽的导流管嘴。（　　）

14. 对于较大的制冷系统，为了降低气体流动阻力和气体流量，可分段清污。（　　）

15. 一般在保证有足够的传热温差的基础上，应尽可能地降低蒸发温度，以保证有足够的制冷剂供液量。（　　）

四、简答题（回答要点，并简明扼要进行解释。每题5分，共25分）

1. 简述制冷系统进行吹污的原因以及如何吹污。

2. 冷凝温度过高会给冷库的正常运行带来哪些不利影响？

3. 冷库的使用和管理必须注意哪些问题？

4. 感温包是如何安装的？

5. 制冷压缩机中润滑油的作用是什么？

综合测试题三

一、**填空题**（将正确答案填写在横线上。每空1分，共40分）

1. 制冷与空调设备的电气控制电路一般有____________、____________、__________、________________等电路。

2. 水泵运行时产生振动的原因是________________，____________，导致泵轴变形弯曲，或____________________等。

3. 制冷系统堵塞后，不仅使________，而且也会使__________（堵塞不严重时，降低得不太明显）。

4. 在制冷循环中不可缺少的四大部件是______、______、______、______。

5. 如果高压管道或设备发生氨气泄漏事故，则应迅速_______和_______的联系，并借助_______和_______等进行降压。

6. 排气温度与_______、_______、_______等因素有关。

7. 在一定压力下，蒸汽的温度高于对应压力下的饱和温度，称为_______。

8. 在一定压力下，蒸汽的温度低于对应压力下的饱和温度，称为_______。

9. 启动冷却系统后应注意观察电动机的_______、_______以及_______、_______。

10. 制冷剂瓶口_______，将带有修理表阀的软接管与_______连接好。

11. 常用的温度单位有_______、_______、_______。

12. 盐水制冰装置主要包括_______、_______、_______、_______、_______、_______等设备。

13. _______是把自来水或预冷后的制冰水加注到冰桶的装置。

14. 气调库的制冷系统与_______的制冷系统基本一致。

15. 采用淋浇式冷凝器和壳管式冷凝器时，需设冷却水塔、水池，有时还要____________。

二、**选择题**（将正确答案的代号填在括号内。每题2分，共20分）

1. 采用压缩机本身的压缩空气吹污，压缩机的排气温度不应超过（　　）℃，否则必须断续进行吹污。

A. 100　　B. 110　　C. 120　　D. 130

2. 安装纯铜管前可用四氯化碳溶液充灌清洗。如管内残留氧化皮等污物，可用质量分数为（　　）%的硫酸溶液进行酸洗，然后用冷水冲洗。

A. 15　　B. 10　　C. 20　　D. 25

3. 制冰池面敷设木盖板，木盖板用（　　）mm厚的双层木板制作，中间夹有防水油毡。

A. 50～80　　B. 50～60　　C. 60～80　　D. 80～100

4. 利用干冰在常压下可获取－80℃的低温，如果将其置于密闭的容器中，用真空泵不断抽气，可得到（　　）℃的低温。

A. －100～100　　B. －80～－110　　C. －110～－105　　D. －105～100

5. 气调系统包括气体调节装置系统、气体成分检测装置系统和（　　）。

A. 自动控制系统　　B. 手动控制系统　　C. 半自动控制系统　　D. 计算机控制系统

6. 冷凝温度一定，随着蒸发温度下降，制冷机组的制冷量（　　）。

A. 增大　　B. 减小　　C. 不变　　D. 不能确定

7. 当硅膜两侧的各组分气体存在分压差时，气体从浓度高的一侧向浓度低的一侧渗透，并且各气体的渗透速度和方向彼此独立，互不干扰。氧气和二氧化碳的渗透比为（　　）。

A. 1∶1　　B. 1∶6　　C. 6∶1　　D. 2∶3

8. 两段带式流态化冻结设备具有变频调速装置，对网带的传递速度进行（　　）。

A. 有级调速　　B. 变频调速　　C. 定频调速　　D. 无级调速

9. 采用卧式冷凝器循环用水方案时，必须注意冷却水在冷凝器中的温升应与冷却塔的（　　）能力相适应。

A. 降温　　B. 化霜　　C. 升温　　D. 冷却

10. 干燥过滤器除了担负过滤器的功能外，还能吸附制冷系统中的微量水分，这对氟利昂（　　）来说尤为重要。

A. 制冷装置　　B. 回油装置　　C. 换热装置　　D. 化霜装置

三、判断题（正确的打“√”，错误的打“×”。每题 2 分，共 20 分）

1. 制冷机组关机时，先关闭排气阀，后关闭进气阀。（　　）

2. 自动控制的小型氟利昂制冷系统采用的热力膨胀阀不是依据冷却设备末端的回气过热度来自动调节供液量的。（　　）

3. 当出液口设在容器上部时，需装一根伸到容器底部的输液管，在工况变化时能保证供液。（　　）

4. 安装热力膨胀阀时，应立式放置，不允许倾斜和倒置，并应注意液体的流向，将膨胀阀的出口接在蒸发器的进口管上。（　　）

5. 冷却排管的特点是制冷剂在管内蒸发，管外空气只进行自然对流。为了增强传热效果和节约管材，冷却排管不可使用翅片管制成。（　　）

6. 当系统中制冷剂的压力较高时，泄漏处有时会产生微弱的“咝咝”声响，漏点较大时响声更明显。因此，可根据声响来确定泄漏的部位。（　　）

7. 在水泵运行中，值班人员应随时注意轴承是否发热，出水量是否正常，是否产生振动与噪声，电动机是否过热（一般应不大于 80 ℃）等。（　　）

8. 在正常情况下，制冷机组的压缩机启停频率不得超过每小时两次。（　　）

9. 在－60 ℃以下的低温设备中，还可能在膨胀阀阀孔上导致油堵，这主要是因为所使用冷冻油的凝固点偏高，制冷剂流经阀孔时，因温度突然变高，使溶解于制冷剂中的一部分冷冻油析出，呈糊状，粘在阀孔上而造成脏堵。（　　）

10. 齿轮磨损导致油压升高，甚至不能泵油，会引起抱轴等多种事故。 （ ）

四、简答题（回答要点，并简明扼要进行解释。每题5分，共20分）

1. 设备操作规程一般应包含哪些内容？

2. 简述螺杆式制冷机组喷油压力过低的原因及处理方法。

3. 简述对氟利昂制冷系统定量和非定量充注制冷剂的步骤和方法。

4. 在冷库安装中，各设备组件连接成一个整体系统之后还需先后对系统进行哪些处理工艺？

附录　某省世界技能大赛制冷与空调项目选拔赛部分试题

第一部分：测试细则

选拔赛简介

技术描述

本测评文件资料参照前几届世界技能大赛全国选拔赛制冷与空调项目相关文件编制而成。

制冷与空调项目为“CHINA”制冷演示设备的制作、安装、测试及调试。本项目旨在测评选手在安装和调试制冷设备中使用的一系列技能，在规定的时间内独立完成制冷组件、制冷系统、电控系统的加工、安装及系统测试、调试；

该项目设备是制冷演示设备，由演示板、操作台、制冷系统、电控系统等组成。采用模块化设计组合形式，将实用性与展示性相结合，使用 R134a 制冷剂；

演示板“CHINA”字体由 $\frac{3}{8}$ in 铜管制作而成，运行后能清晰看到字体结霜；由冷凝机组等组成的制冷系统安装在独立的操作平台上，便于裁判的观察以及观众的观摩；

该系统的制作、安装以及调试包含许多现代制冷技术及技能特点，能全面地考察选手的综合技术能力。

竞赛能力要求

选手必须了解与制冷设备安装、维修及调试有关的国家技术标准；

选手必须了解相关环境保护的要求、安全和健康条例；

选手必须掌握制冷与空调工种相关的理论知识，但在选拔赛中理论知识不单独列为考核项目；

选手必须掌握国家职业标准《制冷空调系统安装维修工》中级工所需掌握的实际操作技能。

主要考核技能及要求

本竞赛项目能全面地考察参赛选手的综合能力，其技能包括：系统设计技能、管工技能、焊工技能、电工技能、压力测试技能、抽真空技能、充注制冷剂技能、系统调试技能。

对参赛选手考核的主要要求

按技术文件及测试文件相关规定的操作规范进行操作；

按技术文件及测试文件相关规定达到技术文件指定的要求。

秩序说明

目标是保证竞赛的公平性，在赛事进行过程中，所有参赛选手都必须遵守所规定的竞赛秩序准则，具体如下：

——测评期间，选手不得与任何非裁判人员进行交流、沟通，有任何问题可及时向裁判提出，由裁判进行处理；

——测评期间，选手不得携带任何与测评无关的资料、电子设备、工具、材料进入工位，或向其他人借用工具、材料；

——测评期间，如发生人员及设施设备事故、故障，要做好基本安全处理，并同时向现场裁判报告，并按要求进行处理，不得擅自处理；

——测评期间，如出现任何非操作原因所出现的测评中断，选手有权利及义务向裁判提出测评暂停，并提示裁判做好记录，经裁判允许后，选手需先离开工位，等待处理，经裁判允许后重新进入工位继续测评；暂停时间将不计入选手正式测评时间；

——如选手违反以上准则及影响安全、竞赛公平性，裁判可上报裁判长，由裁判长进行处理。如违规情况较轻，可给予警告；如违规情况严重，可给予酌情扣分，甚至取消其测评资格及全部分数；

——裁判长对以上准则有绝对的解释权及决定权；

——裁判长对以上准则未做规定的秩序要求有临时修订权、更改权、解释权及决定权。

文档说明

目标是尽可能清晰表示出测评的相关细节，保证人员的健康与安全、零事故及保证测试的公平性。

——如《测试细节》与《评分标准》技术要求有冲突的，以《测试细节》为准；

——选手必须按条例规定的场地秩序、评分标准、测评细节、国家相关安全标准及相关行业标准进行相关作业；

——选手在涉及安全性操作及相关质量监测节点时，必须通报裁判；

——测试报告由选手在规定时限内自行邀请裁判进行数据确认及签名确认；

——在整个测评过程中，为了安全以及便于裁判观察，测评设备以及工作台的固定位置不可擅自移动及变化。

测试模块

共有 2 个模块，在 7 小时内完成。

——模块 A　制冷组件及制冷系统制作与安装	60 分	限时 5 小时
——模块 B　电控系统制作与安装、系统测试及调试	30 分	限时 2 小时
——健康与安全	10 分	

测试项目文档

测试项目由以下几部分组成。

一、测试细节

这部分内容涵盖除本赛事中将会使用到的制冷与空调系统的详细信息以外的所有参赛细节。

二、设备及材料手册

这部分内容涵盖完整的设备、材料及相关的其他信息。

三、测试图纸

测试图纸与第一部分的信息一起发布，届时可能会更改图纸作为30%的变动，抵达赛场后才最终确定。

四、测试时间表

（略）

五、评分标准

评分标准参照《××××年中国技能大赛—第××届世界技能大赛制冷与空调项目全国选拔赛技术工作文件》中的《评分标准》并结合某省各参赛队伍实际情况制定。

每个模块的限时

为使每位参赛选手都能在同一时间内完成任务，请遵守选手指导第四部分内容中的测试时间表；

模块A与B分别为独立计时模块，如在规定时间未完成，应扣掉相应分数。

测试细节—模块A

制冷组件及制冷系统制作与安装

最高限时：5小时 60分

选手需根据图纸、技术要求以及相关工程规范制作和安装制冷组件及制冷系统。

相关图表

- R001 制冷组件（可改为不同字母或汉字）
- R002 安装台
- R003 零部件安装
- R004 制冷系统

重要零部件

- 详见图纸与材料清单

主要要求

——该模块工作必须在规定时间内完成，该模块规定时间内不能做模块B相关工作；

——该模块工作如未完成，可在该模块评分结束后，在模块B的时间内继续完成；

——制冷组件在该模块完成时需要选手自行接入系统；

——该部分有测试报告，必须在该模块时间内邀请裁判完成该测试报告填写。

- 制冷组件的制作与安装

——必须按图纸要求进行制冷组件的弯管、固定、焊接等制作与安装（可对木条进行改装）；

——组件全部管道不需要保温；

——图纸上无标注的部分，可自行设计与决定，但要符合评分标准（背面连接管道必须保持笔直）。

- 制冷系统的制作与安装

——必须按图纸要求进行制冷系统的弯管、固定、焊接、打喇叭口等制作与安装；

——在该模块可进行系统保温工作，但在比赛结束前必须全部完成；

——图纸上无标注的部分，可自行设计与决定，但要符合评分标准。

• 焊接

——在裁判的监督下，选手需根据评分标准，进行氧气、液化气、保护氮气的压力的调整，并记录相关数据。

• 排污

——在裁判的监督下，选手需根据评分标准进行排污氮气的压力的调整，并记录相关数据；

——规范进行氮气排污，排污针对制冷系统全部管道。

测试细节—模块 B

电控系统制作与安装、系统测试及调试

最高限时：2 小时 30 分

选手需根据图纸、技术要求以及相关工程规范安装电控系统；需根据技术要求以及相关工程规范完成压力测试、抽真空、制冷剂充注检漏、电气测试；需根据题目要求、技术要求以及相关工程规范完成系统调试。

相关图表

• R002 安装台

• R003 零部件安装

• R005 电控接线

重要零部件

• 详见图纸与材料清单

系统规格

——制冷剂型号：R134a

——制冷剂充注量：(350±50)g

主要要求

——该模块工作必须在规定时间内完成，如仍未完成将扣除相应分数。

• 电控系统制作与安装

——选手需根据图纸要求及相关标准自行完成零部件布置与安装，否则将会失去模块相应的分数。

• 电控系统零部件检查

——选手需根据相关标准自行完成制冷机组的安全检查。

• 压力测试

——在裁判的监督下，选手需根据评分标准，进行氮气压力测试的压力的调整，并记录相关数据；

——压力测试值为 (0.8±0.2)MPa，压力测试时间为 10 min，10 min 后压力不允许有任何下降；

——如果压力测试失败，选手需安全规范地修补泄漏处，再继续完成第二次压力测试，否则选手将失去压力测试的所有分数。

• 抽真空

——该项工作必须在压力测试完成后进行；

——在裁判的监督下，抽真空最少保持 15 min；

——选手使用真空表、歧管仪等工具自行完成抽真空工作；

——在裁判的监督下，选手需根据相关标准完成抽真空，并记录相关数据；

——抽真空结束时，在真空泵脱离系统后，压力能保持小于－750 mmHg。

• 制冷剂充注及检漏

——该项工作必须在完成抽真空后进行；

——选手需根据相关标准，充注制冷剂及进行制冷剂测试；

——在裁判的监督下，选手需根据相关标准，加注一定压力的制冷剂，并记录相关数据；在制冷剂检漏过程中，如果系统有泄漏，选手将失去制冷剂检漏相应分数；并需进行规范操作，安全规范地修补泄漏处，再继续完成检漏工作。如仍不能解决问题，选手必须安全规范地回收制冷剂；

——在裁判的监督下，选手需根据相关标准，往制冷系统加注规定质量的制冷剂，机组制冷剂充注量应合乎要求，如不符合要求，选手将失去制冷剂充注的相应分数，如判定充注量过多，严禁开机运行，选手必须安全规范地回收制冷剂。

• 电气系统测试

——必须在部分或全部制冷剂加入制冷系统后进行；

——在裁判的监督下，选手完成所有必需的安全检查，以确保测试项目能够安全供电以及设备安全运行，并记录相关数据；

——测试分为通电前测试及通电试运行测试；

——通电前测试如达不到安全要求，选手将失去电气系统通电前测试的全部分数；选手需安全规范地进行修补工作后重新测试；若选手仍无法达到测试要求，设备将不允许通电运行；

——通电试运行测试如达不到安全要求，选手将失去通电试运行测试的全部分数，并要求马上停机、断电；选手需安全规范地进行修补工作后重新测试；若选手仍无法达到测试要求，设备将不允许通电运行。

• 系统调试

——选手需根据相关标准及系统规格要求完成相关调试任务；

——“CHINA”字母蒸发器必须全部结霜，但压缩机外壳任何位置不得有结霜现象；

——如“CHINA”字母蒸发器霜层厚度全部在 3 mm 以上，将获得更多分数；

——完成模块后，拆除所有非测试使用工具、仪器，保持系统完整，并保证测试设备正常运行。

第二部分：设备及材料手册

文档说明

• 目标是减少选手的运输需求，以及赛场零安全事故，并保证竞赛的公平性；

• 全部材料、零部件及竞赛设备由赛场提供；

• 为保障选手的技术水平得到正常发挥以及保证产品质量，全部材料、零部件选用应达到国家标准，使用符合世赛要求的品牌及型号；

• 选手不得携带任何材料、零部件及竞赛设备入场，如携带相关物品，经检查不符合规定将被禁止使用，并由赛场暂时保管，直到测评结束才能归还给选手；如在比赛中发现选手使用自带材料、零部件及竞赛设备，将扣除其相关分数，情况严重者将取消比赛资格；该项由场地保障组负责检查；

• 部分工具由赛场提供、部分工具由选手自己携带，详见列表；

• 选手的工具必须符合国家工业安全使用规范与测评制定规则要求，如经检查不符合要求将被禁止使用，并由赛场暂时保管，直到比赛结束才能归还给选手；如在比赛中发现选手使用违规工具及设备，将扣除相关分数，情况严重者将取消比赛资格；该项由场地保障组负责检查；

• 在赛前规定时间内，选手需对场地提供的设备、工具进行检查以便熟悉，该项由场地保障组协助；在比赛期间，选手需对所有场地设备、工具安全及质量负责；

• 在赛前规定时间内，选手需对场地提供的竞赛设备、零部件、材料及附件进行检查以便熟悉，该项由场地保障组协助；在比赛期间，选手需对所有竞赛设备、零部件、材料及附件安全及质量负责。

选手禁止携带物品

- 任何储存液体、气体的压力容器。
- 任何有腐蚀性、放射性的化学物品。
- 任何可燃、易爆物品。
- 任何有毒、有害物品。
- 任何没有生产厂商或达不到国家安全标准的工具及设备。
- 任何可能危及安全问题的物品。
- 任何纸质文件（压-焓图、焓-湿图、饱和压力温度表除外）。
- 任何影响竞赛公平性的物品。

物料清单（每工位）

- 场地工具设备（见附表 1）
- 比赛设备（见附表 2）
- 系统零部件（见附表 2）
- 系统配件（见附表 3～附表 5）
- 自带工具设备（供参考）

附表 1 **场地工具设备**

序号	名　称	品牌	型号规格	单位	数量	备　注
1	操作工作台	—	定做	张	1	
2	焊接设备	—	定做	套	1	
3	氮气设备	—	定做	套	1	含连接管
4	220 V 电源	—	定做	套	1	
5	制冷剂瓶	—	R134a	瓶	1	

续表

序号	名　称	品牌	型号规格	单位	数量	备　注
6	电子秤	—		台	1	
7	台虎钳	—	8 in	台	1	
8	水桶	—		只	1	
9	扫帚及垃圾铲	—		套	1	
10	分类垃圾回收桶	—		只	2	
11	回收机及回收瓶	—		套	—	场地共2套
12	磷铜焊条			支	6	
13	安全点火枪	—	—	把	1	
14	写字板	—	—	块	1	(含5张A4纸)
15	电源插排	—	—	套	1	
16	16 A插头	—	—	只	1	

注：1 in=25.4 mm。

附表2　　**比赛设备及系统零部件**

序号	名　称	品牌	型号规格	单位	数量	备　注
1	冷凝机组	Tecumseh	4440	台	1	
2	干燥过滤器	Hongsen	CT-052	只	1	
3	膨胀阀	Danfoss	TN2	只	1	含感温包固定夹
4	膨胀阀阀芯	Danfoss	N00	只	1	
5	高压表	Hongsen	HS-OG-3.8H	只	1	
6	低压表	Hongsen	HS-OG-1.8H	只	1	
7	热回收水箱	定做		只	1	含热回收器
8	压力表板	定做		只	1	
9	视液镜	Hongsen	$\frac{1}{4}$ in	只	1	

附表3　　**系统配件1**

序号	名　称	品牌	型号规格	单位	数量	备　注
1	螺纹对接	—	$\frac{1}{4}$ in	只	1	含螺母
2	螺纹变径对接	—	$\frac{1}{4}\sim\frac{3}{8}$ in	只	1	
3	纳子	—	$\frac{1}{4}$ in	只	4	
4	纳子	—	$\frac{3}{8}$ in	只	2	
5	变径接头	—	$\frac{3}{8}\sim\frac{1}{2}$ in	只	1	
6	变径接头	—	$\frac{1}{4}\sim\frac{3}{8}$ in	只	1	
7	焊接弯头	—	$\frac{3}{8}$ in	只	16	
8	焊接三通	—	$\frac{1}{4}$ in	只	1	
9	焊接三通	—	$\frac{1}{4}\sim\frac{3}{8}$ in	只	2	

续表

序号	名　　称	品牌	型号规格	单位	数量	备　　注
10	铜管固定座	PERETE	ϕ6 mm(P码)	只	20	
11	铜管固定座	PERETE	ϕ10 mm(P码)	只	25	
12	铜管固定座	PERETE	ϕ28 mm(Ω码)	只	2	

注：1 in＝25.4 mm。

附表4　　系统配件2

序号	名　　称	品牌	型号规格	单位	数量	备　　注
1	电缆固定座	KSS	HC-3	只	25	
2	接线端子	晨光	直插式	只	5	带护套
3	欧式端子	晨光	E1008	只	5	
4	自攻螺钉		M4×20	只	若干	
5	自攻螺钉		M4×40	只	10	
6	自攻螺钉		M4×50	只	15	
7	自攻螺钉		M4×60	只	15	
8	自攻螺钉		M4×70	只	10	
9	螺栓		M8×50	套	4	配螺母、垫圈
10	螺栓		M4×8	套	6	配螺母、垫圈

附表5　　系统配件3

序号	名　　称	品牌	型号规格	单位	数量	备　　注
1	铜管		$\frac{3}{8}$ in	m	15	
2	铜管		$\frac{1}{4}$ in	m	13	
3	毛细管			m	1.2	
4	电缆	远东	3 mm×1.5 mm	m	3.5	
5	保温套		$\frac{1}{4}$ in	条	0.5	
6	保温套		$\frac{3}{8}$ in	条	2	
7	保温套		1 in	条	0.5	
8	保温套胶水		UHU 35 mL	瓶	1	
9	扎带	KSS	CV-100	根	10	
10	扎带	KSS	CV-150	根	20	
11	扎带	KSS	CV-80	根	10	
12	百洁布			块	2	
13	毛巾			条	2	
14	木条		800 mm	根	2	
15	木条		900 mm	根	1	
16	封帽	$\frac{1}{4}$ in		只	若干	
17	封帽	$\frac{3}{8}$ in		只	若干	

注：1 in＝25.4 mm。

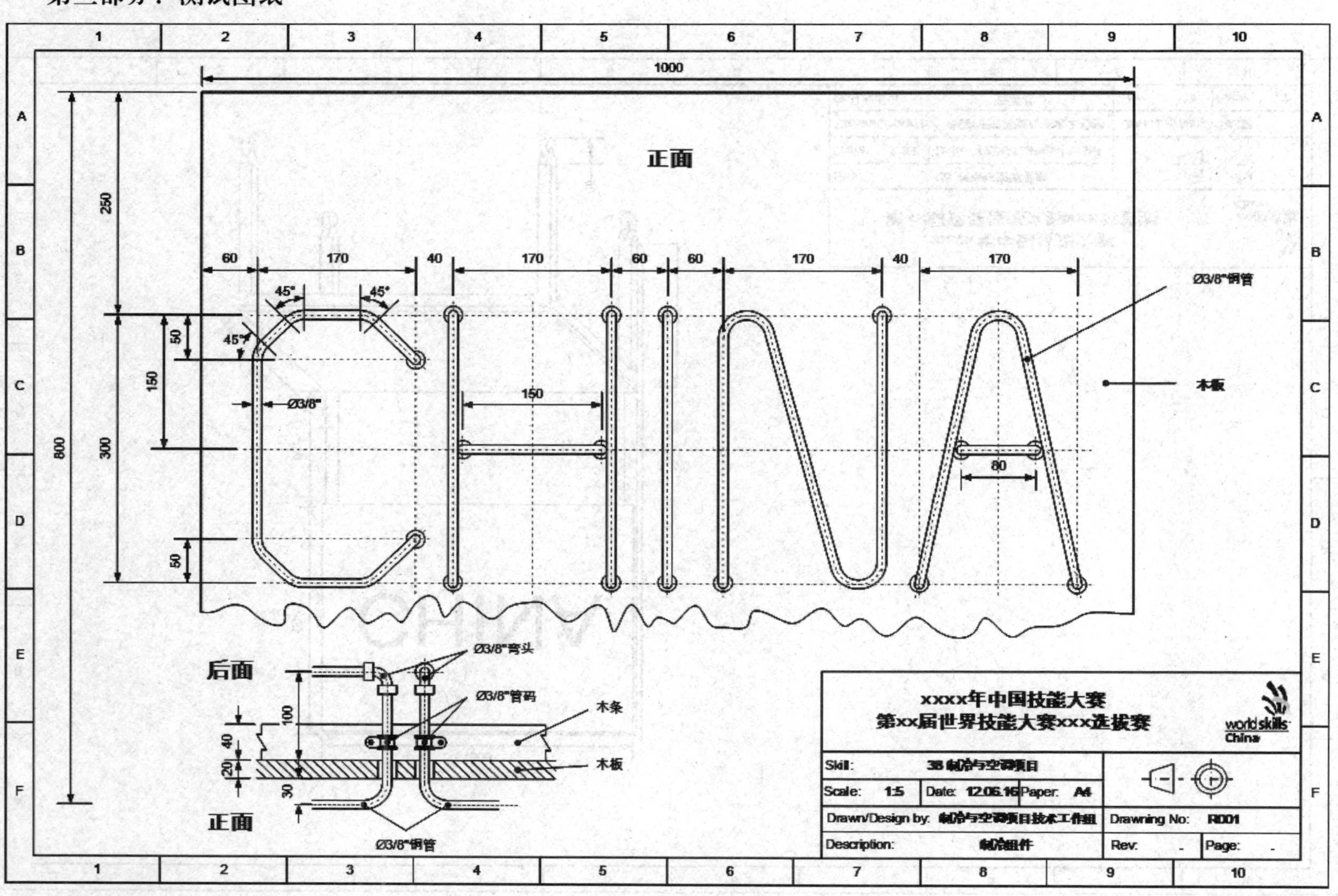

正面
后面
正面
1000
800
250
300
150
50
60
170
40
80
100
30
20
45°
Ø3/8"铜管
Ø3/8"
木板
木条
Ø3/8"弯头
Ø3/8"管码
worldskills China
xxxx年中国技能大赛
第xx届世界技能大赛xxx选拔赛
Skill: 38 制冷与空调项目
Scale: 1:5
Date: 12.05.16
Paper: A4
Drawn/Design by: 制冷与空调项目技术工作组
Drawing No: R001
Description: 制冷组件
Rev: -
Page: -

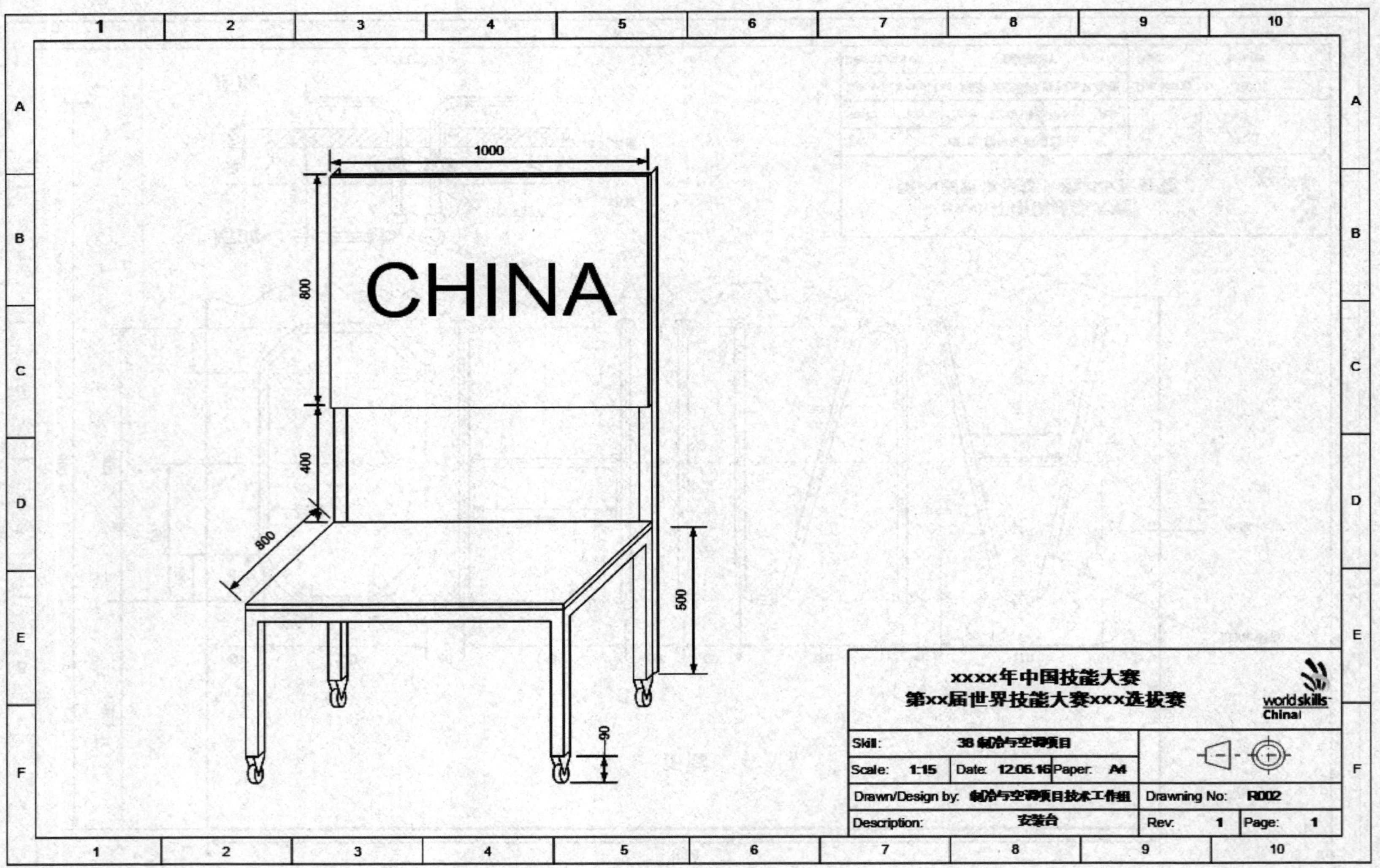
CHINA
1000
800
400
800
500
90
xxxx年中国技能大赛
第xx届世界技能大赛xxx选拔赛
worldskills China
Skill: 38 制冷与空调项目
Scale: 1:15
Date: 12.06.16
Paper: A4
Drawn/Design by: 制冷与空调项目技术工作组
Drawning No: R002
Description: 安装台
Rev: 1
Page: 1

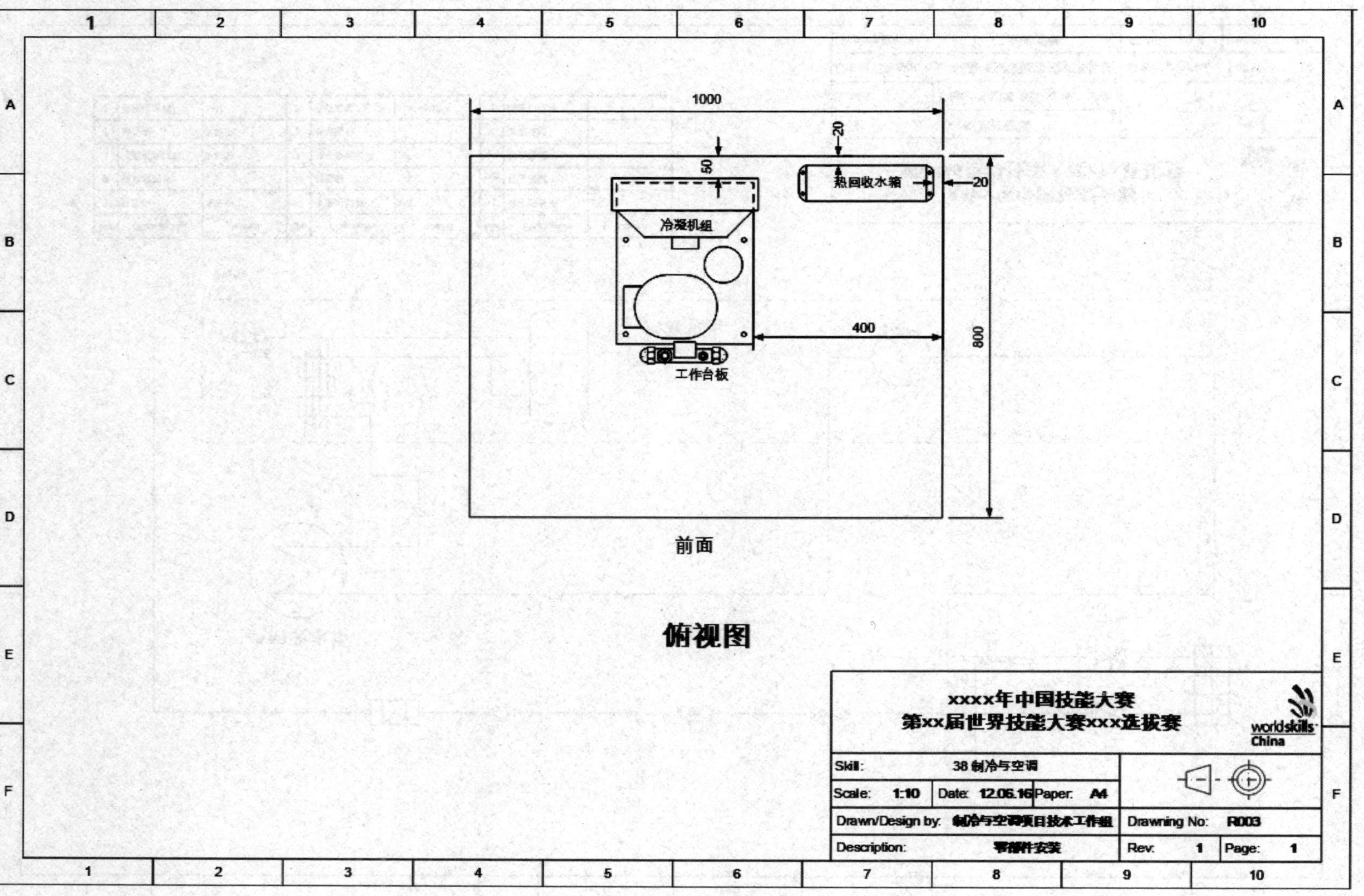

1000
20
50
热回收水箱
20
冷凝机组
400
800
工作台板
前面
俯视图
xxxx年中国技能大赛
第xx届世界技能大赛xxx选拔赛
worldskills China
Skill: 38 制冷与空调
Scale: 1:10
Date: 12.06.16
Paper: A4
Drawn/Design by: 制冷与空调项目技术工作组
Drawning No: R003
Description: 零部件安装
Rev: 1
Page: 1

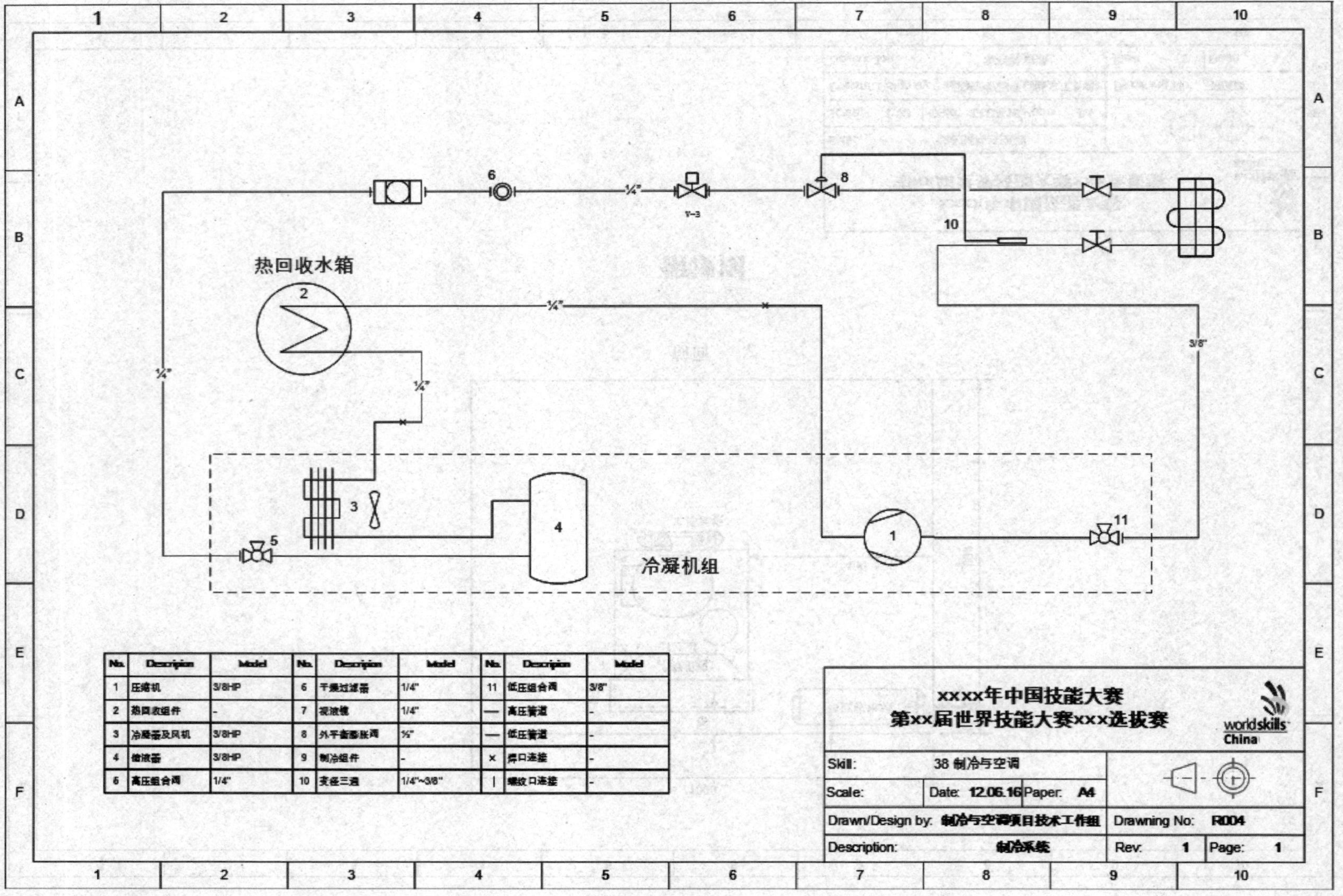

1 2 3 4 5 6 7 8 9 10
A B C D E F
热回收水箱
冷凝机组
¼"
3/8"
V-3
No. Description Model No. Description Model No. Description Model
1 压缩机 3/8HP 6 干燥过滤器 1/4" 11 低压组合阀 3/8"
2 热回收组件 - 7 视液镜 1/4" — 高压管道 -
3 冷凝器及风机 3/8HP 8 外平衡膨胀阀 ½" — 低压管道 -
4 储液器 3/8HP 9 制冷组件 - × 焊口连接 -
6 高压组合阀 1/4" 10 变径三通 1/4"~3/8" | 螺纹口连接 -
xxxx年中国技能大赛
第xx届世界技能大赛xxx选拔赛
worldskills China
Skill: 38 制冷与空调
Scale: Date: 12.06.16 Paper: A4
Drawn/Design by: 制冷与空调项目技术工作组
Drawning No: R004
Description: 制冷系统
Rev: 1 Page: 1

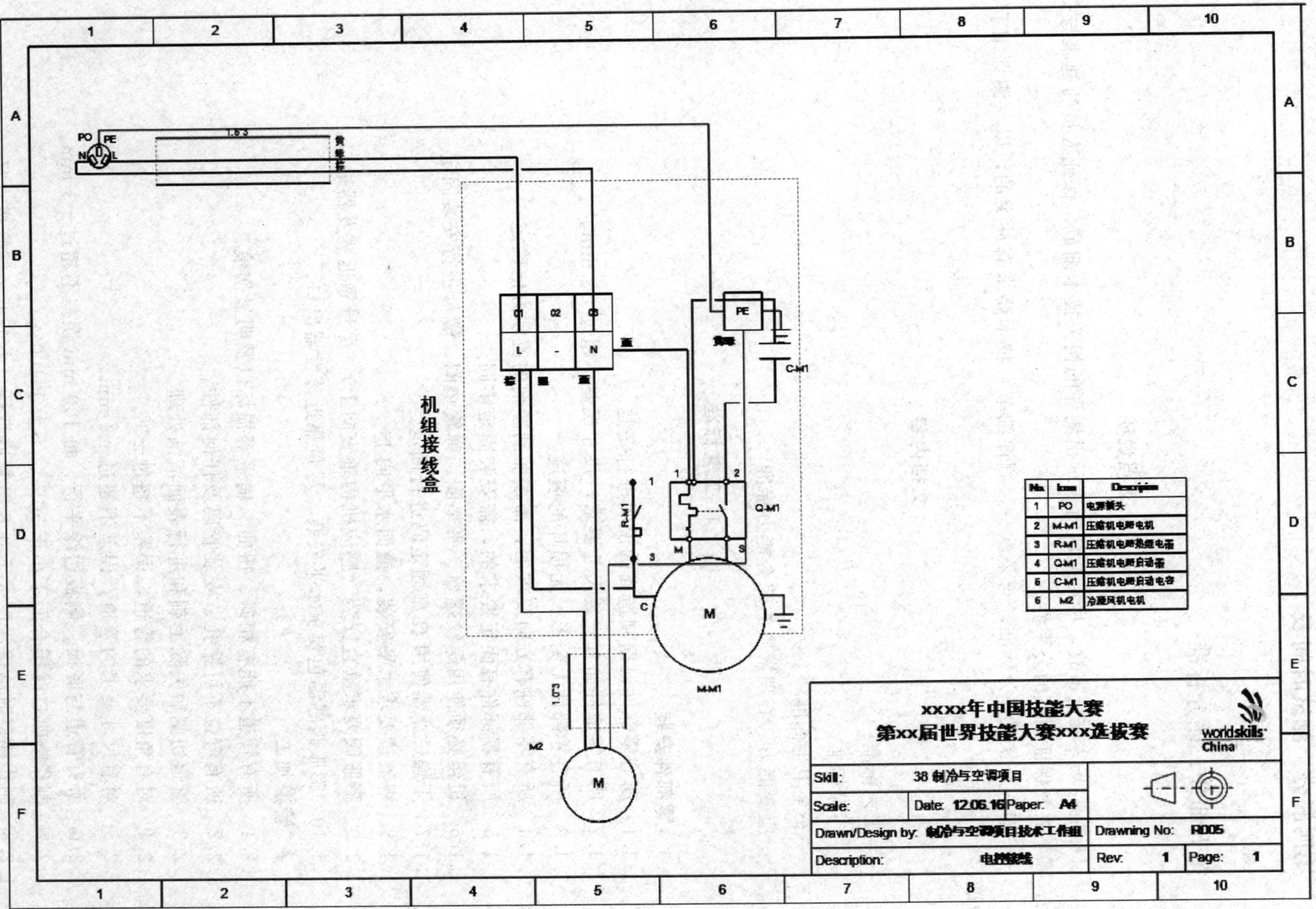

xxxx年中国技能大赛
第xx届世界技能大赛xxx选拔赛
worldskills China
Skill: 38 制冷与空调项目
Scale:
Date: 12.06.16
Paper: A4
Drawn/Design by: 制冷与空调项目技术工作组
Description:
Drawning No: R005
Rev: 1
Page: 1
No. Item Description
1 PO 电源插头
2 M-M1
3 R-M1
4 Q-M1
5 C-M1
6 M2
机组接线盒
PO
PE
N
L
01
02
03
L
-
N
M
C
S
M-M1
Q-M1
C-M1
R-M1
M2

第四部分：测试时间表

（略）

第五部分：评分标准

文档说明

目标是赛场零安全事故，尽可能清晰表示出测评的相关技术细节，保证人员的健康与安全、零事故及保证测试的公平性。

——如本条款《评分标准》与条款一《测评细节》技术要求有冲突的，以《测评细节》为准。

文档内容

——工艺标准

——环保标准

——安全卫生标准

——应变能力、心理素质的综合能力标准

1. 工艺标准

1.1 零部件安装

1.1.1 所有零部件根据制造商的说明进行安装。

1.1.2 所有零部件如有安装尺寸要求，尺寸误差不超过±3 mm。

1.1.3 所有零部件无变形、无损坏的痕迹。

1.1.4 所有零部件有方向要求的，需按照制冷剂的流动方向确定。

1.1.5 所有零部件有固定要求的，需安装固定牢固。

1.1.6 机组必须使用螺纹螺栓、平垫圈、弹簧垫圈、螺母进行安装固定。

1.1.7 干燥过滤器使用Ω型固定码进行固定。

1.1.8 视液镜要求水平安装，镜面水平向上。

1.1.9 膨胀阀要求垂直安装（感应机构垂直向上），尽量靠近蒸发器进口。

1.1.10 膨胀阀感温包要求水平安装，尽量靠近蒸发器出口。

1.2 管道加工

1.2.1 所有管道不能有相碰、扭曲、扁平等损坏以及明显伤痕。

1.2.2 所有弯位不可钻孔、安装管码及任何部件。

1.2.3 管道切割后去除毛刺和进行表面清洁处理。

1.2.4 对有角度要求的管道，误差不超过±3°。

1.2.5 对有尺寸要求的管道，误差不超过±3 mm。

1.2.6 所有管道与底板、侧板边缘平行，每100 mm误差不超过±3 mm。

1.2.7 制作喇叭口时接合面不小于50%、不大于100%。

1.2.8 制作杯口时承接深度大于0.8倍管道直径、小于1.2倍管道直径。

1.2.9　所有$\frac{1}{4}$ in管道螺母、焊口、管码，三者之间的连接距离不能小于40 mm。

1.2.10　所有$\frac{3}{8}$ in管道螺母、焊口、管码，三者之间的连接距离不能小于50 mm。

1.2.11　回气管要有1°～3°的倾斜度。

1.2.12　管道固定必须使用规格合适的管码。

1.2.13　管道固定的间距不超过400 mm。

1.2.14　膨胀阀感温包固定的间距不超过200 mm。

1.3　焊接工艺

1.3.1　所有零部件根据制造商的说明进行焊接。

1.3.2　所有零部件安装固定牢固，无变形、无损坏的痕迹。

1.3.3　焊口焊料均匀、光亮，无砂眼、无滴漏。

1.3.4　焊接前，打磨焊口接触面，不得有氧化物及其他杂质。

1.3.5　焊接后，清理表面氧化物、助焊剂及其他杂质。

1.3.6　同口径管道承接，承接口采用杯口方式。

1.3.7　焊口与焊口之间的距离不能小于20 mm。

1.4　焊接过程

1.4.1　管道焊接时的压力要求：氧气＜0.5 MPa、燃气＜0.1 MPa、氮气＜0.2 MPa。

1.4.2　不允许密封焊接。

1.4.3　不允许气体泄漏、回火。

1.4.4　焊接过程中，在减压阀挂OFN牌。

1.4.5　焊接过程中必须保持管道内充满流动氮气，保证各支路末端时刻有氮气输出。

1.4.6　焊接过程中做好零部件隔火、散热保护，零部件焊接使用不滴水湿棉布包裹。

1.4.7　火焰可能烧到、受高温影响较大的任何部位（如安装板、感温包）做好隔火、散热保护。

1.4.8　焊接过程中，严禁用水直接冷却焊接对象。

1.4.9　焊接完成后，在模块所有工作结束前，必须把燃气燃尽，并关闭维修截止阀、减压阀，软管排空。

1.5　电气安装

1.5.1　所有电气连接根据制造商的说明进行。

1.5.2　所有零部件、设备部位不可有损坏的痕迹。

1.5.3　电缆终端使用合适的电缆接头，不露线，无变形，不得向上，并保证全部固定牢固（包括闲置的接头）。

1.5.4　电线连接使用合适的接线端子，不露铜，无破损，并保证全部固定牢固（包括闲置的螺钉）。

1.5.5　使用指定的接线端子与地线排，每颗螺钉只能连接一个接线端子。

1.5.6　地线排必须安装地线标式，地线可采用Y形接法。

1.5.7　所有电缆使用线码进行固定，固定长度不超过200 mm。

1.6　系统保温

1.6.1　所有零部件会结露或泄漏冷能的部分必须根据现场所提供材料进行保温。

1.6.2 所有管道会结露或泄漏冷能的部分必须根据现场所提供材料进行保温。

1.6.3 保温套的规格应与零部件、铜管尺寸相符。

1.6.4 保温套应保持其完整性，无缺失或驳接。

1.6.5 必须剪开的位置及接口处，需用胶水进行黏合。

1.6.6 保温套、保温扎带需紧密连接，需维修或调试的部分除外。

1.7 氮气排污

1.7.1 正确使用符合标准的工具。

1.7.2 排污针对所有管道。

1.7.3 排污过程中不允许设备通电。

1.7.4 排污过程中在减压阀挂 OFN 牌。

1.7.5 排污压力必须在 0.6～1.0 MPa。

1.8 氮气压力测试

1.8.1 正确使用符合标准的工具。

1.8.2 压力测试过程中不允许设备通电。

1.8.3 压力测试过程中在机组组合阀挂 OFN 牌。

1.8.4 压力测试过程中保证各个阀门在合适的状态。

1.8.5 压力测试过程中使用检漏喷剂或肥皂水进行检漏。

1.8.6 确认没有漏口后，移除歧管仪、维修软管，进入保压程序。

1.8.7 压力测试成功后，应使用毛细管对系统内氮气进行排放，待系统压力略大于一个标准大气压时，可进入抽真空程序。

1.9 抽真空、保真空

1.9.1 正确使用符合标准的工具。

1.9.2 使用分辨率高于 100 mic 的真空仪。

1.9.3 真空测试过程中不允许设备通电。

1.9.4 抽真空与保真空过程中保证各个阀门在合适的状态。

1.9.5 抽真空前释放系统内全部氮气。

1.9.6 抽真空必须采用高低压双侧抽真空法进行。

1.9.7 保真空完成后必须移除真空仪。

1.9.8 真空测试达到要求及完成后，方可进行制冷剂充注。

1.10 制冷剂检漏与充注

1.10.1 正确使用符合标准的工具。

1.10.2 真空充注制冷剂过程中不允许设备通电。

1.10.3 检漏及充注过程中保证各个阀门在合适的状态。

1.10.4 正确连接歧管仪、软管与设备。

1.10.5 初次检漏压力为 0.2～0.4 MPa。

1.10.6 制冷剂系统检漏必须针对全部螺纹连接、焊口连接以及可能泄漏的位置。

1.10.7 在充注制冷剂过程中，对制冷剂瓶、维修软管、歧管仪、系统连接处接口以及可能泄漏的地方进行检漏。

1.10.8 注入制冷系统的制冷剂必须以液体方式在高压侧进行充注。

1.10.9 充注全过程不可排放任何制冷剂液体和气体。

1.11 充注结束后不可排放制冷剂液体，并尽量减少制冷剂气体的排放。

1.12 制冷剂充注量控制在规定充注量±10%。

1.13 制冷系统调试完毕后，移除软管、制冷剂瓶后，需马上对移除的连接口进行制冷剂检漏。

1.14 电气测试

1.14.1 在系统真空状态下不可进行绝缘测试。

1.14.2 兆欧表必须以 500 V 输出。

1.14.3 如携带指针式万用表，该表必须有 $R\times1\ \Omega$ 挡位。

1.14.4 测电笔必须是非接触式。

1.14.5 使用兆欧表、万用表、测电笔前必须自检。

1.14.6 电气接线前，对所有电气零部件的电阻阻值、绝缘性能进行质量检查，确保无短路、断路及漏电的可能。

1.14.7 电气接线后，对所有电气连接的电阻阻值、绝缘性能进行质量检查，确保无短路、断路及漏电的可能。

1.14.8 零部件、电路绝缘电阻要求大于 2 MΩ。

1.14.9 绝缘测试必须保证其独立，无其他电路连通。

1.15 连接插头通电前，保证所有的电气元件处于正确位置，零部件齐全、固定牢靠。

1.16 连接插头通电前，要对电源的电压、地线电压、相位进行检查（无论之前是否已检查）。

1.17 电源电压性能要求为：额定电压（1±5%）。

1.18 电源地线电压性能要求为：不小于额定电压 5%。

1.19 电源相位性能要求为：左零右相。

1.20 设备通电期间，使用测电笔测试设备指定测试点有无漏电情况。

1.21 设备通电期间，使用钳形电流表监测启动及运行总电流。

1.22 设备维修期间，带电或不确定是否带电情况下进行电路操作，必须戴上绝缘手套。

1.23 系统调试与设置

1.23.1 正确使用符合标准的工具。

1.23.2 系统调试主要通过看、摸、听、嗅、测，并根据技术规范与题目要求进行调试。

1.23.3 随时观察并确保各电流、压力、温度在安全范围内，确保系统在任何时候都没有安全隐患。

1.23.4 运行过程中严禁压缩机空载或过载运行。

1.23.5 运行过程中设备上不放置任何无必要的物品。

1.23.6 运行过程中设备电源上悬挂维修牌，操作完成后取下。

2. 环保标准

2.1 不可排放制冷剂。

2.2 焊接过程后及时关闭阀门，避免浪费。

2.3 焊接完成后，点燃焊枪排空管道内残余的燃气，避免燃气进入大气造成危险。

2.4 安装、制作过程中产生的废料必须分类放置于垃圾桶内。丢弃掉木屑、扎带尾等残渣；对铜管、电缆等废料进行回收；对废润滑油、载冷剂残液、玻璃、水银灯残渣进行特殊处理。

3. 安全卫生标准

3.1 穿着适当的工作服、工作鞋等劳动保护用品。不可穿不适宜的服装，包括短裤、背心、凉鞋、拖鞋等。

3.2 保持工具设备置于安全位置或处于安全状态，不会导致火灾、漏电、场地电路中断和危害人身安全等情况。

3.3 制作过程中不允许设备通电。

3.4 进行机械加工时必须戴上平光护目镜和防割手套。

3.5 进行焊接操作必须佩戴适当的滤光护目镜和焊接手套。

3.6 不进行焊接操作时，不得使用滤光护目镜。

3.7 如环境噪声大于 80 dB，需使用耳塞或耳罩。

3.8 使用电动工具时必须使用耳塞或耳罩。

3.9 严禁使用电动工具紧固任何电气端子。

3.10 使用兆欧表时必须戴绝缘手套。

3.11 进行化学品操作（如保温胶水）时，必须戴口罩。

3.12 进行制冷剂处理作业需佩戴防冻手套及防护面罩。

3.13 任何工具、零部件、材料等不得放置于超过肩膀高度的任何位置。

3.14 任何工具、零部件、材料等不得放置于地面上。

3.15 所有零部件、铜管闲置时必须封口。

3.16 制冷系统仪表、维修管、球阀、真空泵、制冷剂、回收瓶、回收机不使用时必须封口。

3.17 离开工位时要关闭电源。

3.18 离开工位时要关闭万用表、兆欧表、电流表、测电笔、温度计、电子秤、真空仪等。

3.19 如发生场地断电或设备故障，必须马上关闭设备和电源，待故障现象消除后，方可恢复安装调试等工作。

3.20 如发生气体或有毒化学品不可控制的泄漏，若条件允许，先马上关闭所有设备电源和气体开关，并迅速离开车间。

3.21 如选手受伤，必须马上停止工作，并立即通报裁判，做好相关伤势处理，处理完毕后，由裁判长判断是否可以继续比赛。

4. 应变能力、心理素质的综合能力标准

4.1 有处理突发事件能力。

4.2 有处理意外故障能力。

4.3 有与裁判、现场工作人员进行沟通的能力。

评分表可根据人力资源和社会保障部开发的CIS评分系统参考评分标准导入，也可用以下“简易样表”对选手进行评分。

<table>
<tr><td>竞赛模块</td><td colspan="4">制冷组件及制冷系统制作与安装</td><td>配分</td><td>60 分</td></tr>
<tr><td>选手号</td><td></td><td>工位号</td><td colspan="2"></td><td>选手姓名</td><td></td></tr>
<tr><td>竞赛时间</td><td>300 min</td><td>起止时间</td><td colspan="2">时　分至　时　分</td><td>竞赛日期</td><td></td></tr>
<tr><td>序号</td><td colspan="2">评分项目</td><td>配分</td><td>选项</td><td>实际得分</td><td>备注</td></tr>
<tr><td>1</td><td colspan="2"></td><td></td><td>YES/NO</td><td></td><td rowspan="6"></td></tr>
<tr><td>2</td><td colspan="2"></td><td></td><td>YES/NO</td><td></td></tr>
<tr><td>3</td><td colspan="2"></td><td></td><td>YES/NO</td><td></td></tr>
<tr><td>4</td><td colspan="2"></td><td></td><td>YES/NO</td><td></td></tr>
<tr><td>5</td><td colspan="2"></td><td></td><td>YES/NO</td><td></td></tr>
<tr><td>6</td><td colspan="2"></td><td></td><td>YES/NO</td><td></td></tr>
<tr><td>现场裁判签名</td><td colspan="4"></td><td>实际总得分</td><td></td></tr>
<tr><td rowspan="2">各裁判
签名</td><td colspan="5" rowspan="2"></td><td>裁判长签名</td></tr>
<tr><td></td></tr>
</table>